南京军区疾病预防控制中心 编

健康零距离丛书

食品添加剂 使用手册

编著·陈永红 张李蕾

苏州大学出版社

图书在版编目(CIP)数据

食品添加剂使用手册 / 陈永红,张李蕾编著. —苏
州:苏州大学出版社,2015.1
　(健康零距离)
　ISBN 978-7-5672-0959-6

　Ⅰ.①食… Ⅱ.①陈… ②张… Ⅲ.①食品添加剂—
手册 Ⅳ.①TS202.3—62

中国版本图书馆 CIP 数据核字(2014)第 252984 号

书　　名:食品添加剂使用手册

编　　著:陈永红　张李蕾

责任编辑:王　亮

装帧设计:吴　钰

出版发行:苏州大学出版社

社　　址:苏州市十梓街 1 号　邮编:215006

印　　刷:苏州工业园区美柯乐制版印务有限责任公司

开　　本:850 mm×1 168 mm　1/32　印张 4.375　字数 150 千

版　　次:2015 年 1 月第 1 版

印　　次:2015 年 1 月第 1 次印刷

书　　号:ISBN 978-7-5672-0959-6

定　　价:12.00 元

苏州大学版图书若有印装错误,本社负责调换
苏州大学出版社营销部　电话:0512－65225020
苏州大学出版社网址　http://www.sudapress.com

《健康零距离》丛书
编委会

引　言：

舌尖上的纠结

近日，笔者相继收到几位久未谋面的好友发来的同一条略带黑色幽默的短信，这样无可奈何地描绘我们一天的"幸福"生活：

早晨起床，掀开黑心棉做的被子，用致癌牙膏刷完牙，喝杯过了期的、碘超标还掺了三聚氰胺的牛奶，吃根柴油炸的洗衣粉油条，外加一个苏丹红咸蛋，准时赶到地下烟厂上班；中午在餐馆点一盘用地沟油炒的、避孕药喂的黄鳝，再加一碟敌敌畏喷过的白菜，盛两碗陈化粮煮的毒米饭；晚上蒸一盘瘦肉精养大的死猪肉做的腊肉，沾上点毛发勾兑的毒酱油，夹两片大粪水浸泡的臭豆腐，还有用福尔马林泡过的凉拌海蜇皮，抓两个添加了漂白粉和吊白块的大馒头，还喝上两杯富含甲醇的白酒。唉！这日子怎一个"爽"字了得！！

虽说是短信，却极尽调侃生活之能事，更蕴含了芸芸众生几多的心酸和无奈！短短的二百来字，却淋漓尽致地描绘出我们可能朝夕面对的各种食品安全问题，先后提到的问题食品达 13 种之多，可谓触目惊心！上网搜索一下，不搜不知道,一搜吓一跳:类似短信在各大网络平台流传甚广,点击率居高不下,并且获得了高度的关注和热评。大量的跟帖在对短信写手略带诙谐的睿智表示赞许的同时,更多地表达了对日常生活安全特别是食品安全的深深担忧。

食品安全是指食品无毒、无害,符合应当有的营养要求,对人体健康不造成任何急性、亚急性或者慢性危害。食品安全问题是关系民生的大事,一直都是社会关注的热点,此起彼伏的食品安全事件一次次刺痛着我们早已脆弱的神经,更拷问着我国食品安全监管制度及其执行力。俗话说"民以食为天",这些接二连三、层出不穷的食品安全问题,已让普通老百姓产生了深深的担忧:这片食品之"天"还能不能像以前那样蔚蓝如洗?那样食之无忧?对此,我们不禁仰天长问,今天的百姓生活怎么啦?食品行业的乱象有哪些?背后的直接推手是什么?怎么才能实现"民以食为安"?!

民以食为天,饮食是人类生产与发展最重要的基础。身体机能的运转,每时每刻的新陈代谢,都需要大量食品的维系。"养生之道,莫先于食",利用食物的营养来防治疾病,可促进健康长寿。但实现这些基本技能的首要前提是保证食品的安全。

如今出现的食品安全问题如此之重,危害如此之烈,影响如此之广,辐射面如此之宽,你还能对食品安全视而不见,还能在大快朵颐、享受各种美食的时候面不改色心不跳吗?有道是,美味食品问题多,想说爱你也很难!

目 录 ....

食品问题何其多

近些年来，我国各地陆续爆发多起重大食品安全事件，严重威胁着广大老百姓的身体健康。从"毒奶粉"到"地沟油"，从"瘦肉精"到"毒牛肉膏"，从"毒大米""毒豆芽"到"彩色馒头"，等等。层出不穷的食品安全事件，似乎在瞬间就把人们丰盛的餐桌变成一片"毒海"，各种看似色香味俱佳的食物，其实都是人工制造的"劣等品"，这不能不让人触目惊心，怨声载道在所难免。一夜之间，"绿色食品"似乎成了一句口号，而"吃得放心、吃出健康"的愿景，也只是个幻想而已。如果你对此不以为然，不妨跟随我们一起，耐心翻一翻近年来有关食品添加剂非法事件的部分公开报道，逐一思考上述短信背后的故事吧！

一、三聚氰胺奶粉

2008 年 3 月，南京儿童医院把 10 例婴幼儿泌尿结石样本送至该市鼓楼医院泌尿外科进行检验，三聚氰胺奶粉事件浮出水面。6 月 28 日，兰州市解放军第一医院收治了首例患"肾结石"病症的婴幼儿,据悉孩子从出生起就一直食用三鹿集团所产的三鹿婴幼儿奶粉。9月9日,媒体首次报道"甘肃14名婴儿因食用三鹿奶粉同患肾结石"。11日,陕西、宁夏、湖南、湖北、山东、安徽、江西、江苏等地均有类似案例的发生。当天,三鹿集团股份有限公司工厂被贴上封条。12日,国家质检总局联合调查组确认"受三聚氰胺污染的婴幼儿配方奶粉能够导致婴幼儿泌尿系统结石"。据卫生部统计,这次重大食品安全事故共导致全国29万婴幼儿因食用含有化工原料三聚氰胺的奶粉而出现泌尿系统异常,其中6人死亡。

　　三鹿集团原董事长田某某等多名主要责任人员被分别判处无期徒刑、有期徒刑并处巨额罚金。三鹿集团被处罚金4937多万元。生产销售含有三聚氰胺混合物的张某某等人被判处死刑或无期徒刑;向原奶中添加含有三聚氰胺混合物并销售给三鹿集团的耿某某等人被判处死刑或无期徒刑;河北省省委常委、石家庄市委书记吴某某等一批官员被免职;国家质量监督检验检疫总局局长李某某辞职。各地公安机关共立案侦查与三鹿奶粉事件相关的制售有毒有害食品等刑事案件 47 起,抓获犯罪嫌疑人 142 名,逮捕 60 人。2009 年 2 月 12 日,三鹿集团净资产为 − 11.03 亿元,严重资不抵债,被法院正式宣告破产。

直接危害: 三聚氰胺是一种有机化工原料,长期摄入会造成生殖、泌尿系统的损害,膀胱、肾部结石,并可进一步诱发膀胱癌。

二、苏丹红咸蛋

2005 年 2 月,英国食品标准局在官方网站上公布了一份通告:亨氏、联合利华等 30 家企业的产品中可能含有致癌性的工业染色剂"苏丹红一号"。随后,一场声势浩大的查禁苏丹红一号的行动席卷全球。同年,我国央视《每周质量报告》栏目曝光,所谓的"红心蛋"并非像商家宣传的那样是因为鸭子经常吃小鱼小虾和水草而下出来的营养蛋,而是用比苏丹红一号毒性更大的苏丹红四号间接"染"出来的。为此,北京市食品安全办发出对河北"红心"鸭蛋的紧急停售令,要求对河北产"红心"鸭蛋采取市场控制措施,全市经营者禁止购进和销售来自河北的"红心"鸭蛋。与此同时,新一轮的针对苏丹红四号的地毯式检查又在全国范围内展开,人们走入苏丹红四号的阴影。

直接危害:苏丹红并不是一种食品添加剂,而是一种化学染色剂,它的化学成分里含有一种叫萘的化合物,这种物质有很强的致癌性,会对人体的肝肾器官造成很大的危害。

三、地沟油

在百度输入"地沟油"三字,找到相关结果约三千多万条。地沟油,泛指在生活中存在的各类劣质油,又被业内人士称为"毛油",其主要来源有:下水道中的油腻漂浮物;将宾馆、酒楼的剩饭剩菜经过简单加工后提炼出的油;用于油炸食品的超过规定使用次数的油,或是劣质猪肉、猪内脏、猪皮加工后提炼出的油。被"捞回"的地沟油通常会在勾兑一些新油之后流入餐饮行业。据专家统计,目前我国每年返回餐桌的地沟油有 200 ~ 300 万吨。而中国人一年的动植物油消费总量大约是 2 250 万吨——也就是说,按照比例,你吃 10 顿饭,可能有 1 顿碰上的就是地沟油,就连日本人也讽刺我们国人"有和蟑螂一样的生存能力"。

　　直接危害：专家指出,地沟油的毒性百倍于砒霜。据实验测定,长期摄入地沟油将会对人体造成伤害,如发育障碍,易患肠炎,并易发生肝、心和肾肿大以及脂肪肝等病变。此外,地沟油受污染产生的黄曲霉毒性剧烈,不仅易使人发生肝癌,也有可能引发其他部位,如胃、肾、直肠、乳腺、卵巢、小肠等部位癌变。

四、敌敌畏白菜

　　危害白菜生产的根蛆主要是萝卜蝇幼虫,属双翅目花蝇科。虫伤常使细菌侵入,诱发软腐病,使白菜品质降低甚至失去商品价值。敌敌畏是用于防治蔬菜虫害比较有效且施用量较大的化学药剂。2010 年以来,不断有媒体曝光,为保证产量和减少损失,不少菜农在种植白菜时大量喷洒敌敌畏喷剂,以控制虫害,这直接造成了白菜上的毒性残留,既易造成农业环境的污染,也会影响蔬菜的品质,对人体健康造成危害。

直接危害： 敌敌畏为广谱性杀虫、杀螨剂，具有触杀、胃毒和熏蒸作用，有剧毒，人误服了敌敌畏，会出现头晕、头痛、恶心呕吐、腹痛、腹泻、流口水、瞳孔缩小、看东西模糊、大量出汗、呼吸困难，严重者会产生全身紧束感和胸部压缩感、肌肉跳动，动作不自主、发音不清、瞳孔缩小如针尖大或两只瞳孔不等大，抽搐、昏迷、大小便失禁，脉搏和呼吸都减慢，最后均停止。敌敌畏属于有机磷农药的一种，是一种高毒杀虫剂，对同翅目和鳞翅目害虫有很好的杀灭效果，但它的缺点是残留时间过长，长期使用对农作物危害很大，人食用后极易造成毒性残留及蓄积，从而危害人的生命安全。

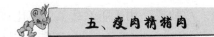

五、瘦肉精猪肉

2011 年 3 月，央视新闻频道《每周质量报告》的 3·15 特别节目《"健美猪"真相》报道，全国著名生猪产区河南省孟州市等地养猪场普遍采用违禁动物药品"瘦肉精"饲养生猪，有毒猪肉部分流向河南双汇集团下属分公司济源双汇食品有限公司，部分流向南京等各大城市的生猪屠宰场。南京兴旺屠宰场是国家定点屠宰场，每天屠宰加工生猪 1 000 多头，猪肉产量高达上百吨，其中瘦肉型猪肉能占到 80% 到 90%。最后，这些问题猪肉进入各大超市并备受欢迎，顺利走上广大市民的餐桌。

受"瘦肉精"猪肉事件影响，"双汇发展"3 月 16 日起停牌，国内多家超市下架双汇食品。2011 年 7 月，河南省焦作市中级人民法院对涉及"瘦肉精"生产销售的案件作出一审判决，以"以危险方法危害公共安全罪"对涉案被告人分别处以重刑：研制、生产者刘某被判处死刑，缓期二年执行，剥夺政治权利终身；主要销售者奚某某被判处无期徒刑，剥夺政治权利终身；销售者肖某等被判处有期徒刑十五年，剥夺政治权利五年；其余涉案人员被判处有期徒刑九年以下不等。

直接危害："瘦肉精"是一类动物用药，属于肾上腺类神经兴奋剂。把"瘦肉精"添加到饲料中，的确可以增加动物的瘦肉量。但国内外的相关科学研究表明，食用含有"瘦肉精"的肉会对人体产生危害，常见有恶心、头晕、四肢无力、手颤等中毒症状，特别是对心脏病、高血压病患者危害更大。长期食用则有可能导致染色体畸变，从而诱发恶性肿瘤。近几年，各地"瘦肉精"致人中毒甚至死亡的案例时有发生。

六、毒酱油

2012 年 5 月 23 日《广州日报》报道,广东佛山某大型全国知名调味品公司为了节约成本,竟购置 760 吨非食品原料工业盐水制造酱油,该公司月均生产酱油半成品 100 多吨。早在十几年前,国内媒体就报道过一些不法厂商用毛发水添加盐巴、味精制成"酱油"后销往我国香港地区而被查获的事件。不可思议的是,十几年后的今天,我们仍有千千万万的消费者,还在津津有味地吃着用工业盐水、味精、防腐剂搅和而成的美味"酱油"。

据 2012 年 6 月 13 日《新快报》报道,新快报记者走访涉事酱油企业调查流向,开平亿华达公司负责人称查处前一个月已将问题酱油卖出。随后,佛山市通报了威极公司的 7 个相关企业之后,新快报记者迅速在佛山、珠

海、江门、中山、东莞等地展开调查,发现各地质监部门均已对使用威极酱油半成品生产酱油的企业进行了查处。然而,许多企业生产的酱油已经销售出厂,流向全国各地。召回工作让质监部门及生产企业十分头疼。一些涉事企业负责人称:"成品酱油召不回来了,都被消费者吃进肚子里了。"

直接危害:工业盐毒酱油中有很多杂质,最普遍的就是亚硝酸钠和重金属离子。亚硝酸钠是一种致癌物质,人体摄入 0.2~0.5 克即可引起食物中毒,3 克可致死。"毛发水"毒酱油内含三氯丙醇等多种致癌物质,长期食用后这些致癌物质会沉积体内,使人出现慢性中毒、惊厥等症状,甚至诱发癫痫症或致癌。

七、甲醇白酒

据央视报道,2012 年 3 月 23 日起,湖北宜昌五峰县接连发生多起事故:五峰镇福利院的两位向姓人员、五峰县采花乡的朱某某、五峰镇麦庄村的姚某某先后突然死亡,同时还有 19 人因视力障碍、头昏头痛等症状住院抢救。经公安机关侦查,多起事故均为饮用散装白酒所致,各个线索直指五峰镇宏斌酒水批发商店。经检测,该店店主王某某生产的白酒甲醇严重超标,多数产品超标 500 倍,最多的超标 595 倍。另据报道,近年来甲醇白酒假酒事件频发,1998 年山西朔州地区发生特大毒酒事件,不法分子用含有大量甲醇的工业酒精,甚至直接用甲醇制造成白酒出售,造成 20 多人中毒致死,数百人被送进医院抢救;2003 年云南玉溪市 50 多名农民喝过工业酒精勾兑出的假酒后,有 30 多人中毒,其中 4 人死亡;2004 年广州市发生两起因饮用甲醇超标的散装白酒中毒事件,导致14 人死亡,10 人重伤。

直接危害:甲醇又称木醇、木酒精,为无色、透明、略有乙醇味的液体,是工业酒精的主要成分之一,是绝对不能用于食品加工的。人体摄入甲醇 5~10 毫升就可引起中毒,30 毫升可致死。甲醇对人体的毒作用是由甲醇本身及其代谢产物甲醛和甲酸引起的,主要特征是中枢神经系统损伤、眼部损伤及代谢性酸中毒等,一般于口服后 8~36 小时发病,表现为头痛、头晕、乏力、步态不稳、嗜睡等。重者会发生意识朦胧、谵妄、癫痫样抽搐、昏迷,甚至死亡。造成中毒的原因多是饮用了含有甲醇的工业酒精或用其勾兑成的"散装白酒"。

八、塑化剂事件

2011 年 4 月，我国台湾地区卫生部门例行抽验食品时，在一款"净元益生菌"粉末中发现塑化剂 DEHP[邻苯二甲酸(2-乙基己基)酯]，浓度高达 600ppm(百万分之一)。追查发现，DEHP 来自昱伸香料公司所供应的起云剂。此次污染事件规模之大为历年罕见，在台湾地区引起轩然大波。随后，台湾地区多家媒体均对此事进行了报道，相关机构持续追查相关食品业者。

整个台湾地区至少有 156 家业者遭到塑化剂波及，受污染产品也扩大到近 500 项；台湾食品龙头企业统一集团的三种产品宝健运动饮料、芦笋汁和 7-SELECT 低钠运动饮料也被查出有毒，其中有毒芦笋汁已销往大陆。经初步核查，上海进口检验检疫局在进口信息追查当中发现，上海口岸 2011 年 3 月份进口了 792 箱悦氏运动饮料，可能含有台湾方面通报的起云剂。对这些产品，进口商已经采取召回措施。

截至 2012 年 6 月 6 日，受事件牵连的厂商已经达到 278 家，可能受污染产品为 938 项。截至 2012 年 6 月 12 日，大陆 4 家企业 8 个样品中检出塑化剂类物质。

起云剂的常见原料是阿拉伯胶、乳化剂、棕榈油或葵花油，祸首昱伸公司制造起云剂时偷梁换柱，用塑化剂取代成本贵 5 倍的棕榈油以图牟取暴利，与甲醇白酒、苏丹红、三聚氰胺事件类同，是极其恶劣的制假行为和严重的食品安全事件。

直接危害：塑化剂是一种毒性大于三聚氰胺的化工塑料软化剂，会干扰人体内分泌，影响生殖系统，而且会造成基因毒性，伤害人类基因。长期食用会对心血管造成极大危害，对肝脏和泌尿系统也有很大伤害，而且人体被毒害之后，这种毒性还会通过基因遗传给下一代，可谓危害巨大而深远。

九、非法米粉添加剂事件

2012年7月9日上午9时许，广西来宾市象州县发生一起群体性食物中毒事件，多人在食用丁菊英米粉厂生产的米粉后不同程度地出现胸闷、腹泻等症状。事件发生后，象州县委、县人民政府立即组织力量，迅速开展救治患者、调查取证、现场查封固定证据、取样送检、召回问题米粉、监控涉嫌人员等一系列紧急行动，至7月10日上午8时，所有食物中毒患者均已好转出院，后未发生新

病例。7月13日20时,自治区疾控中心等检验机构分别出具了检验报告。报告显示,问题米粉中含有焦亚硫酸钠和脱氢乙酸钠盐等成分。象州县政府专题研究认为,通过各种调查和样品检验,确认本次事件是丁菊英米粉厂在生产过程中非法添加焦亚硫酸钠和脱氢乙酸钠盐所致,丁菊英米粉厂对本次事件负责。象州县政府责成质监部门立即依法追究该米粉厂的生产责任,公安机关立即依法立案侦查。7月14日,象州县质监局启动吊销丁菊英米粉厂食品生产许可证的程序,县公安局对"7·9"食物中毒事件进行立案侦查。

直接危害：焦亚硫酸钠是一种食品添加剂,其成分中约30%为二氧化硫。脱氢乙酸钠盐是新一代的食品防腐剂,对霉菌、酵母菌、细菌具有很好的抑制作用,广泛地应用于饮料、食品、饲料的加工业,以延长这些产品的存放期,避免霉变损失。我国2011年6月20日实施的《食品添加剂使用标准》(GB 2760—2011)中已明确规定,焦亚硫酸钠和脱氢乙酸钠盐都不允许在米粉中使用。

　　这样的事件还有很多很多，列举得越多越让我们心里五味杂陈：现在的食品还能吃不能吃？舌尖上的美味原来是"海市蜃楼"，每天我们的肠胃处理着大量的食品垃圾和有毒物质，五脏六腑在毒药间游走……

　　围绕上面这些问题食品或食品安全事件，一个中心词逐渐显现，那就是"添加剂"。上述曝光的一系列问题食品或食品安全事件，有的是黑心老板为了一己私利违规超剂量超范围添加食品添加剂，有的干脆就是添加非法物质，还有的是食品添加剂代为受过。那么，食品添加剂到底是怎么一回事？问题食品及食品安全事件为什么会屡屡出现？

新闻回放

2014年5月6日,国家食药监总局发布成立以来首次食品监督抽检情况和餐饮服务食品安全监督抽检信息,瓶(桶)装饮用水、配制酱油领域安全隐患大。

本次食品监督抽检共抽检11类食品,抽检食品生产企业数量达到7 719家,抽检样品共计21 682批次。有关负责人介绍说,从此次监督抽检数据统计分析结果来看,食品中超范围、超限量使用食品添加剂和微生物超标是当前食品行业比较突出的两个问题;从食品不合格品种上分析,瓶(桶)装饮用水的不合格率相对较高,样品不合格率为11.9%。

据介绍,本次抽检了21批次配制酱油样品,3批次样品不合格,样品不合格率为14.3%。抽检不合格的原因,主要是微生物超标和超限量使用食品添加剂。抽检不合格食品生产企业大多为规模较小企业,反映出这些生产企业在卫生条件、原材料使用、生产经营过程控制上存在缺陷。本次监督抽检未发现非法添加非食用物质等食品安全问题。

本次餐饮服务食品监督抽检样品122 792件次,发现问题样品为6.56%。抽检范围涵盖各类餐饮服务单位,餐饮服务食品监督抽检结果显示,餐饮食品中病原微生物的污染仍有存在;火锅底料中违法添加罂粟壳,在辣椒及其制品中违法添加苏丹红和罗丹明B等非食用物质的现象依然存在。

引自:新华网 2014 - 05 - 07
《国家食药监局:滥用食品添加剂和微生物超标问题突出》

第二章

食品乱象屡禁不止为哪般

一、不法商家是食品乱象的主要源头

从客观上来说,食品行业门槛低、分布散、规模小,企业主体责任落实不够,行业道德体系建设滞后。加上食品行业市场竞争异常激烈,无序竞争、恶意竞争现象比较普遍,许多企业特别是小作坊等安全投入不足,管理能力薄弱,一些从业人员道德缺失,不讲诚信,唯利是图,不注重食品质量。这些,都给食品安全埋下了很多隐患,也是食品安全事件多发的重要原因。

1. 以次充好,使用伪劣的食品添加剂

优质合格的食品添加剂在保质期内具有一定的功效,按照标准要求添加到食品当中才能改善食品的某项品质而又不危害消费者的健康。劣质的食品添加剂不符合技术要求主要体现在产品纯度上,而且含有砷、铅、汞等重金属有害物质,危害消费者身体健康。过保质期的食品添加剂,不仅功效会大打折扣,而且长期存放可能发生化学反应,产生

有毒有害物质。这些都将影响到食品的质量及其安全性。

2. 明知故犯,不按规定使用食品添加剂

我国《食品添加剂使用卫生标准》(GB 2760—2011)明确规定了每种食品添加剂的使用范围。对于允许使用的食品添加剂,必须严格按照食品添加剂标准规定的使用范围与使用量进行添加。但有的企业为了改善产品外

观,随意变更食品添加剂的使用范围,如在以"天然""野生"为卖点的山葡萄酒中,超范围使用食品添加剂,甚至混入苋菜红、胭脂红这样的人工合成色素。国家强制性标准规定,山葡萄酒中不允许添加香精、甜味剂和色素。据了解,山葡萄酒中超量使用苋菜红、胭脂红这类人工合成色素,人长期服用后会产生中毒症状,有的毒素在人体内经过长期积累会产生突变,导致不同类型的危险性疾病发生。此外,还有一些生产者在粉丝中添加亮蓝、日落黄、柠檬黄等人工合成色素,以不同的比例添加即可充当红薯粉条和绿豆粉丝。部分生产企业为减少成本,采用 AR(分析纯)级的食品添加剂,而这一级别的药品中仍然会含有少量的杂质,如重金属等,从而影响食品安全。

3. 浑水摸鱼,违法添加非食用物质

一些化工原料或者非食用的化学物质,因为对人体具有很大的危害而严禁在食品中使用,但一些不法商人为吸引消费者注意力或降低成本而盲目添加非食用原料。如用

工业用氢氧化钠浸发海参、蹄筋;把三聚氰胺添加到奶粉中;把非食用色素苏丹红加到辣椒油、辣椒酱中;在陈旧茶叶中加入铅铬绿以装扮成"新碧螺春";在面粉、米粉中加入以甲醛合次硫酸氢钠为主要成分的吊白块进行漂白;用剧毒农药"敌敌畏"加工火腿;用化工燃料"碱性绿"染色海带;在豆制品中加入工业染料"碱性橙";等等,不胜枚举。这些非法行为不但给人体健康带来巨大威胁,还破坏了正常的食品生产秩序,使食品添加剂行业在消费者心中的形象受到严重损害。这是严重影响群众生命健康的问题,也是目前国家整顿食品添加剂行业的重点。

二、乏力的监管是食品乱象的重要原因

1. 法律法规体系不健全

从 1999 年起,国务院对有关食品质量实行免检制度,这样食品安全监督管理部门对食品质量的监管形成了严重的监管漏洞。免检使得食品企业在生产中放松了约束和警惕,预警体系未能发挥作用,一旦出现问题难以弥补。

尽管我国对食品添加剂标准进行了多次修订,初步建立起了与食品发展相适应的分类系统,提出了合理使用的相应

要求,并对于某种食品添加剂不是直接加入到食品中,而是通过其他含有该种食品添加剂的原品原(配)料带入到食品中的情况也做出了相应规定。但

是目前全世界食品添加剂的种类有一万多种,我国也有两千多种,就管理而言,仍存在一些问题,主要表现在:一是对食品添加剂的残留问题不是很重视,《食品添加剂使用卫生标准》(GB 2760—2011)着重于规定了对食品添加剂的使用要求,主要规定允许使用的品种、使用范围及使用量,仅极少数品种规定了残留量,也没有制定残留原则。二是对同时使用多种同类别、同功能的添加剂缺乏必要的限制。例如,一个产品如果添加防腐剂,只要符合使用范围及使用量的规定,就可以同时添加多种防腐剂,造成食品安全隐患。

2. 主管机构职能不清晰

当前监管部门多头管理的弊端仍然存在。管理食品安全方面,涉及的部门包括工商、质监、农业部、食药监等,多部门管理则需要多方协调和沟通。美国对食品的监管是"一条龙"管到位,肉、蛋、奶等食品都归农业部管,从源头到餐桌一个环节都不放松。我国食品安全监管实行的是分段监管的监管模式,对一个食品,在不同的生产和流通阶段会受到不同机构的监管,这些部门之间没有直接的隶属关系,这使得他们的职权之间具有一定的独立性,不利于监管职权之间的协调。这样分散的食品安全监管,可能会导致部门之间食品安全监管职权冲突。在食品安全综合监管方面主要依靠行政手段,监督管理部门多,部门之间职能交叉、重复执法、重复抽检、执法缺位、监管空白等现象较为突出,部门之间不成合力,监管责任难以落实到实处。

正因为多头管理,有些环节成为管理真空带。以前些年发生的毒豆芽事件为例,工商、质监、农业等部门都扯皮说不归自己管。在三鹿奶粉事件中,奶站这个环节到底归谁来监管就并不明确,给投机取巧的人提供了机会。

3. 检测方法落后或缺失

据不完全统计，目前，我国共有各类检验机构数万个，行政色彩浓厚，而不同环节的检测必然导致监管效果的不同。我国可使用的添加剂品种，很多没有相应的检测方法，同一添加剂不同的生产厂家使用的检测方法也往往不一致。由于检测技术和力量跟不上，食品添加剂使用的监管工作受到严重影响。

在监管部门的抽查、检测中，判定某种食品是否合格，其检测项目主要是国家相关标准中允许添加的成分，而对于很多不允许添加的物质，监管部门不对其进行检测，而这样做，一旦食品中含有标准里不允许添加的物质，抽检时就往往检测不到。全国人大常委会食品安全法执法检查组对各地的检查结果显示，由于技术的限制，食品添加剂中有六成无法检测。据央视报道，卫生部工作人员表示，国家检测任何成分都要有依据，使用任何检测方法都需要通过多次实验论证，最后把检测方法列入国家标准。但是判定检测方法的研究过程比较复杂。据了解，我国目前允许使用的2 000 多种食品添加剂中，有检验标准的只占总数的近四成。这也就意味着，有六成食品添加剂无法检测。

检测方法缺失、缺乏统一的检测方法也制约了监管。笔者从最近卫生部公布的 151 种食品和饲料中的非法添加物名单发现，共有 37 种可能违法添加的非食用物质或易滥用的食品添加剂的检测方法暂缺。其中，47 种可能违法添加的非食用物质中，有 25 种物质在检测方法一栏空白或者填"无"；22 种易滥用的食品添加剂中也有 12 种在检测方法一栏空白或者填"无"。卫生部也坦承，针对部分物质需要研制测定方法。比如针对焙烤食品中可能违法添加的馅料原料漂白剂,需要研制馅料原料中三氧化硫脲的测定方法。

4. 惩戒警示力度不够大

我国食品法律法规的责罚较轻,法律效力不够,相比西方发达国家极其严厉的惩罚力度而言,缺乏威慑力。守法成本太高,违法惩罚太低,这是导致发生食品添加剂使用出现安全问题的重要因素。许多无证无照的小作坊、食品摊贩流动性大,加之所售食品来源不明,进货渠道乱,索证索票难,执法难度大,给食品安全带来了严重隐患,给很多食品生产经营单位留下了投机取巧的空子。我国的《食品安全法》关于"法律责任"的章节,对待生产经营不符合卫生标准的食品,造成食物中毒事故或其他食源性疾病的,往往是责令其"停止生产经营"和"没收违法所得",甚至是罚款了事;情节严重的,才会被"吊销卫生许可证"。可那些卫生状况极差的"黑户"食品生产企业,往往无"证"可吊,对他们的管理,只能是以罚代管。这样的执法与司法状况根本无法形成足够的震慑力。一次违法的成本,最多仅需10万元,可它所获得的利润却是惊人的,这使得许多不法商家抛弃良心,趋之若鹜。

三、盲从消费是食品乱象的间接推手

1. 追逐感官完美的消费心理

消费者对"完美食品"的追求,比如喜欢购买色泽鲜美、表面光洁的水果,间接助长了不法商家滥用食品添加剂的风气。人们追求"漂亮"的食品本无错,但在挑选时,消

费者其实可以更理性；商家则需如实提供生产信息。

消费者喜欢追求那些"漂亮"的食品，是有科学佐证的。许多人认为食品色素只有"悦目"作用，事实上，食物的颜色会改变人们的味觉体验。现代食品技术中，专门有人研究食物的各种性质如何影响人们对食物的感受。成分和加工过程相同的食物，仅仅由于颜色不同，就会导致人们对它的评价显著不同。

对于同一种食品来说，原料的不同会导致成品的颜色略有不同。如果是家庭自制或者餐馆现做的食品，这样的不同没有什么问题，而在加工食品中，就难以让人接受——同种食物昨天买的跟今天买的肉眼就能看出不同，多数消费者难免怀疑产品的质量。消费者在选购商品时，其实可以更理性。试想，在家里切开苹果放一段时间，果肉会氧化发黄，可在超市里，你一定不会选购果肉发黄的苹果。一些添加剂的滥用某种程度上是在迎合消费者这种"完美"追求。

2. 识别知识的匮乏

消费者掌握的食品安全知识不够，自我保护意识不强，加上一些消费者在消费时，受个人收入低等因素制约，首先考虑的是价格便宜，忽视产品的内在品质，间接造成了违法食品有市场需求，违法者有生存空间。

拿葡萄酒来说，在我国的南方，葡萄酒市场的发展日渐成熟，随着消费者追求时尚和健康的理念日趋高涨，北方很多区域的部分中高端消费人群也加入到了葡萄酒消费的大潮中，应该说葡萄酒在我国正逐渐成为酒水消费的主流。但由于消费者对葡萄酒专业知识的匮乏，琳琅满目的国产葡萄酒和进口葡萄酒让消费者眼花缭乱，难以分辨其真伪，从而使得假冒伪劣葡萄酒鱼目混珠，大行其道。

我们经常遇到这样一种情况，在就餐时有人拿上来一瓶葡萄酒，如果是国产的，大家就会根据品牌论价；如果是进口的，并且包装上全是外文的话，大家则"你看我，我看你"，谁都不敢断言价格。喝酒的时候，似乎每个人都做到先看其色，再闻其味，之后入口品鉴，汇总评价的结果无非是口感圆润丰满、酸涩度和谐平衡、回味醇香舒适等，当让其猜价格时，要么是高得离谱，要么是低得吓人，再就是部分人出个中间价，几乎没有一个人能估算出产品的真正品质和价格。

不要说普通消费者难以分辨，就连经常出入高级场合、餐餐与名酒接触的很多高档消费人群，也无法对葡萄酒知识说出个一二三来。曾经有人做过一个实验，将几瓶价格不一的葡萄酒更换了包装，给原本百元以下一瓶的葡萄酒加上了高档的包装，然后将价格昂贵的葡萄酒随意放到一个不起眼的手提袋里，拿给消费者品尝并猜其价格。结果是猜测的价格跟实际价格有很大区别，可见很多人被包装蒙住了眼睛。

生活中，因为不懂葡萄酒知识而闹出的笑话层出不穷，

很多情况下由于人们对葡萄酒的知识了解甚少，大多数人对葡萄酒的评价一是通过价格，二是通过包装。如果是一瓶标注价格在千元以上的葡萄酒，即使喝到嘴里口

感很差,普通消费者也会认为是好酒;同样一瓶酒,以裸瓶的形式出现和配上精美的包装,其价格往往要相差几倍甚至十几倍。这也使得本来在国外是裸瓶销售的葡萄酒,一进入中国市场就给穿上了豪华的外衣,所以经常听到业内人士无奈地评价:一瓶酒的精美包装能买好几瓶酒。

据调查了解,这种盲目崇尚包装和崇尚进口酒的心理给很多不道德的经销商提供了机会,市场上为数众多的打着原装进口招牌的葡萄酒实际上都是在国内灌装的,几十元的成本价上市以后身价就翻了几十倍。

有业内人士认为,葡萄酒经销商们在坚持诚信经营的同时,要随时随地向消费者普及葡萄酒知识,这不仅是他们的义务,也是在维护其自身的权利。当越来越多的消费者对葡萄酒有了理性的认识后,不仅经销商的好葡萄酒会得到消费者中肯的评价,当前混沌迷乱的葡萄酒市场也会日渐走向成熟。当然,这更需要全行业的人来共同参与。

域外传真 。。。。。。

德国：政府企业消费者共把食品安全关

一直以来，德国政府实行的食品安全监管以及食品企业自查和报告制度，成为德国保护消费者健康的决定性机制。

德国的食品监督归各州负责，州政府相关部门制定监管方案，由各市县食品监督官员和兽医官员负责执行。联邦消费者保护和食品安全局（BVL）负责协调和指导工作。在德国，那些在食品、日用品和美容化妆用品领域从事生产、加工和销售的企业，都要定期接受各地区机构的检查。

食品生产企业都要在当地食品监督部门登记注册，并被归入风险列表中。监管部门按照风险的高低确定各企业抽样样品的数量。每年各州实验室要对大约40万个样本进行检验，检验内容包括样本成分、病菌类型及数量等。

如果某个州的食品监管部门确定某种食品或动物饲料对人体健康有害，将报告BVL。该机构对汇总来的报告的完整性和正确性加以分析，并报告欧盟委员会。报告涉及产品种类、原产地、销售渠道、危险性以及采取的措施等内容。如果报告来自其他欧盟成员国，BVL将从欧盟委员会接到报告，并继续传递给各州。如果BVL接到的报告中包含有对人体健康危害程度不明的信息，它将首先请求联邦风险评估机构进行毒理学分析，根据鉴定结果再决定是不是在快速警告系统中继续传递这一信息。

引自:《凤凰生活》2013年7月刊

第三章

食品添加剂离你有多远

　　人类使用食品添加剂的历史最早可追溯到公元前 15 世纪,那时食用色素便已出现在古埃及人的餐桌上。事实上,在公元前 4 世纪,葡萄酒就已经采用人工着色工艺了。

　　至于我们国家,应用食品添加剂的历史可谓源远流长。早在东汉时期,就使用盐卤作凝固剂制作豆腐。从南宋开始,一矾二碱三盐的油条配方就有了记载。800 年前,亚硝酸盐开始用于生产腊肉。公元 6 世纪,农业科学家贾思勰就在《齐民要术》中记载了天然色素用于食品的方法。槐叶冷淘是唐代人们在夏季常吃的一种凉面,大诗人杜甫曾在《槐叶冷淘》一诗中写道:"青青高槐叶,采掇付中厨。新面来近市,汁滓宛相俱。"而这种凉面的配方中,就有一种是染色剂。这种染色剂是将槐叶水煮、捣汁而成,和面烹制后可使面条颜色碧绿。

　　民以食为天,人们饮食上追求色、香、味俱佳,原本无可厚非,但在当下,面对那些赏心悦目、香气怡人、爽口滑嫩,并非出自纯天然的佳肴,联想到它们可能都额外地被添加了许多形形色色的添加剂,我们难免会生出无端的恐惧。特别是,在我们身边,"苏丹红致癌风波""三聚氰胺致婴儿患肾结石事件""瘦肉精中毒事件"……一件件非法使用添加剂的事件,造成了一幕幕触目惊心的悲剧,使中国老百姓一次又一次用自己的健康"埋单",也因此而"谈添色变"。所以,大家对食品添加剂"才下眉头,却上心头"的担心确实事出有因。

那么,食品添加剂到底能不能用? 不用食品添加剂、还食品以"纯绿色"到底行不行?

带着这个疑问,让我们来设想一下,看看不用食品添加剂时,在从食品生产到进入餐桌的各个环节都会出现什么样的情况吧。

一、生产中不可或缺

据有关资料,现代社会中几乎没有不添加食品添加剂的食品。实际上,大规模的现代食品工业就是建立在食品添加剂的基础上的。食品添加剂是为了改善食品品质和色、香、味以及为防腐、保鲜和加工工艺的需要,而专门加入的物质。因为消费者对食物的外观品质、口感品质、方便性、保存时间等提出了苛刻的要求,所以食品添加剂如同魔术师一般,被利用来快速生产出工业化的食品。如果按照家庭方式来生产食物,不加入食品添加剂,只怕大部分食品都会难看、难吃、难以保存,而且价格高昂。食品工业越发展,使用食品添加剂的品种和数量越多,甚至可以说,"没有食品添加剂,就没有食品工业",这道出了食品添加剂对于食品工业的重要性。先来看看食品生产环节不使用食品添加剂的后果吧!

巨大的饮料工业立即崩溃。那些碳酸饮料(汽水、可乐等)、植物蛋白饮料(椰奶、杏仁奶等),以及果汁饮料等,如果没有酸度调节剂(柠檬酸、苹果酸等)、防腐剂(苯甲酸、山梨酸钾及其盐类等)、乳化剂、食用天然和合成色素、食用香精等食品添加剂,根本无法生产。即使是矿泉水等包装饮用水,在生产过程中也少不了使用食品加工助剂(这也划入食品添加剂范畴),当然也不能生产了。唯有老祖宗传下来的茶水是唯一可食用的饮料了。

盛夏之际,能消暑的只剩下无色的冰块和豆汤冻成的冰棍,五花八门的商业冷饮是不会再有了。因为没有乳化剂、增稠剂,冰淇淋是无法生产的。焙烤食品工业的生产恐怕也难以维持了。少了膨松剂、发酵改良剂、酶制剂和食用碱等食品添加剂,面包、蛋糕、饼干及其他甜点心就不能正常生产了。当然,可以制成自然发酵(不用食用碱中和)或不发酵的面饼,如当年游牧部落随身携带的主食、我们先民们出远门布包袱里包的烙饼,能供果腹但并不可口。这种饼子,不要说现代的白领们,就是那些高叫"不吃食品添加剂""取消食品添加剂"的先生、女士们恐怕也不愿吃吧!

停止使用鲜味剂谷氨酸钠(味精的主要成分)、5′-呈味核苷酸二钠(与谷氨酸钠有显著的协同作用,使鲜味大增)等调味剂,菜肴倒是原汁原味了,但人们还能适应吗?更麻烦的是低盐的调味汁,如家用酱油、食醋、香糟等,一旦不能添加防腐剂,根本无法作为商品供应,一开瓶就会开始霉变。油脂工业尚可存在,但已不再能生产不加抗氧化剂便不能保存的精制油,只能供应三十多年以前凭油票零拷的毛油(菜油和豆油)。这种油虽然可用,但厨房里将弥漫着挥之不去的油烟味。我们还能自己动手,做出美味佳肴吗?

甜味剂消失。对糖尿病人和龋齿病人来说,这简直是噩梦。他们将终身丧失享受甜味的权利。同时,没有低糖和无糖食品,那些不想食用砂糖的人群也失去正常生活中自由选择的权利。

对糖果制造业而言,不使用乳化剂、食用香精等食品添加剂,各类美味的奶糖、复合夹心糖果及水果糖将不能生产。虽然仍可以用蔗糖和饴糖制成传统的中式糖果,但品种的单调将会使糖果市场失去吸引力。

许多人进餐馆喜欢要一盘味道鲜美的"镇江肴肉",如果不许添加亚硝酸盐,这道名菜立即消失。同时各种熟肉制品也将消失。缺少了能抑制肉毒杆菌的发色剂,缺少了能保持水分的磷酸盐品质改良剂,缺少了能改善色泽的红曲色素,除了咸肉外,不会再有其他品种繁多、口感良好的成型肉制品。

对城市居民来说,清晨起来,鲜牛奶和豆浆还是可以正常供应的,但馒头和大饼(含膨松剂及碱)、油条(含更多的膨松剂)、豆腐脑(含内酯)、面条(含碱粉),以及其他包子、

煎炸食品将不复存在。当然仍可以用米饭和米糕类果腹，但酱菜则不会有了，因为少了防腐剂，迅速霉变是绝大多数佐餐小菜的特点，人们已不敢再备用了。由于不能使用凝固剂，我国典型的传统食品——豆制品，将从人们的日常生活中消失。

随着大型食品工厂的关闭，五彩缤纷、琳琅满目的工业化食品将逐渐消失，超市的食品供应区可能会撤销。更多的前店后厂作坊加工食品店会出现，现做现卖似乎更新鲜，但品种一定会大幅减少。因手工作业带来的卫生问题令人担忧。"现在还有什么可以食用"，真的会成为人们新的口头禅。这样的生活，不知道那些慷慨激昂地批判食品添加剂的人士能否接受。但可以肯定的是，大多数消费者和他们的孩子是不希望这个情况出现的。

也许有人会说，我们不要那些坏的食品添加剂，好的食品添加剂我们还是要的。这又说错了。实际上，他们并不明白：食品添加剂必须经过严格的安全性评估，食品安全法中规定了可以在哪些食品中添加食品添加剂，其最大使用量是多少。因而食品添加剂是一种安全性很高的食品配料，并无好坏之分。现代的食品工业是绝对离不开食品添加剂的。我们严厉打击的是那些非法添加（非食用的物质）的犯罪行为，我们也坚决反对滥用（超范围、超量）食品添加剂的行为。只要按照国家规定的范围和使用量使用食品添加剂都是合法的，都是安全的，完全没必要担心。实践已经证明，并且将继续证明，正确使用食品添加剂不但是现代食品工业发展不可缺少的条件，也是确保食品安全、促进人类健康的重要条件。

我们不想过没有食品添加剂的日子，我们应该积极关心、深入了解现代食品工业的发展状况,不应该对我们所不太熟悉、不太了解的无辜的食品添加剂横加指责,完全可以放下心来,共同享受在食品添加剂的推动下,食品工业大发展带来的美好生活。

二、生活中无处不在

20世纪70年代,我国食品行业只使用碱面、小苏打、味精等约65种食品添加剂;1990年全国食品添加剂仅20类,共178种。根据卫生部的资料显示,在2008年最新实施的《食品添加剂使用卫生标准》中,我国使用的食品添加剂按功能分类有23大类,近2 000种可以合法使用,包括酸度调节剂、抗结剂、抗氧化剂、着色剂、香料等。美国可以使用的添加剂有45类2 000多种。在全世界范围内,共有5 000多种食品添加剂,其中大部分由人工合成。

今天我们走进超市,随便从货架上取下一瓶饮料、一包曲奇、一根火腿、一瓶酱油,上面的配料表上都会注明所用的食品添加剂:果胶、大豆多糖、柠檬酸钠、焦糖着色剂、山梨酸钾、次亚氯酸钠、苯甲酸钠、碳酸氢铵、大豆磷脂……这些单调拗口的专业名词,代表着丰富的“感官享受”。次亚氯酸钠可以给切过的蔬菜杀菌,让蔬菜更鲜亮;苯甲酸钠可以让碳酸饮料保持新鲜口感;碳酸氢铵可以使曲奇饼干膨松可口……工业时代,食品的美妙口感毫无例外地来自食品添加剂。无论是酸甜的糖果、香浓的咖啡,还是酥脆的饼干和柔软的蛋糕,都是食品添加剂的杰作。很多人并不知道,食品添加剂的使用范围几乎覆盖了所有的加工食品种类,换句话说,每个人,只要吃了加工食品,就在一定程度上摄入了形形色色的添加剂。

1. 从早餐到晚餐

2011年4月7日的《新民晚报》刊载了1篇《从"一天吃21种添加剂"说起》的文章,文中写道:据新文化报报道,长春市一名白领对三餐食谱做了次统计,发现自己一天吃了21种食品添加剂。早餐:奶酪 + 面包 + 蓝莓果酱 + 牛奶,

其中有12种添加剂;午餐:尖椒炒牛肉 + 西红柿炒鸡蛋 + 米饭,有7种添加剂;晚餐:麻婆豆腐 + 菠菜海带汤,有3种添加剂(1种与午餐重复)。这名白领的一日三餐是很普通的,但居然吃了21种食品添加剂。真是不测不知道,一测吓一跳!食品化学的进步给人以更多美味,但凡事的利与弊往往与之俱来。就某一种食品添加剂而言,单独少量食用可能无害,但即使是盐吃多了,也会对身体有害,遑论食品添加剂?量变会引起质变。一天内吃下21种食品添加剂,对人的身体是否有害,就要打上一个大大的问号了。

从上述报道可以看出,食品添加剂无处不在,伴随着我们日常的每一餐每一菜,不知不觉中就从餐桌上钻进了我们每个人的肚子里。

先来看看早餐情况。家住南京市玄武区的李女士是个标准的上有老下有小的全职主妇,全家人一天的吃饭问题就成了她的头等大事。一天之计在于晨,为了让全家人吃

好早餐，她可是费尽了心思，从食物口味、搭配到热量都一一算尽。最后她发现，西方那种早餐饮食结构最为合理，于是她家的早餐桌上就摆满了面包、豆浆（原本是牛奶，三聚氰胺事件后改为自磨豆浆）、黄油等食物。看到丈夫和儿子吃完早餐，神采奕奕地上班上学去了，她感觉特别满足。但有一天收拾饭桌时，李女士无意间拿起面包包装袋瞥了一眼，结果大吃一惊——包装袋上居然显示，刚刚被家人吃下去的面包里含有多种食品添加剂。李女士非常沮丧地问笔者，一顿早餐，我们一家得吃下多少添加剂呀？

带着这个问题，笔者暂以面包为对象"解剖麻雀"，专程访问了在江宁一家大型超市面包房工作的高女士。高女士告诉笔者，一块普通的面包，从最初的面粉到最后烤制成功，使用的食品添加剂有近40种！据她介绍，首先，制作面包用的面包粉中，有面粉增白剂、强筋剂、面包改良剂，而单单1个面包改良剂就包含20多种添加剂，由复合酶制剂、复合乳化剂和天然植物胶等多种原料制成，外观为精细的白色或淡黄色粉末。面包改良剂可以改善面团的流变学特性，提高面团的操作性能和机械加工性能，入炉前保持性状不发生变化，提高入炉急胀性，使冠形挺立饱满，增大成品体积20%～50%；改善成品内部组织结构，使其均匀、细密、洁白且层次好；改善口感，使面包筋道、香甜，而且能延长保鲜期。此外，为使面包有更好的卖相，在面包制作中还使用了色素，这样可以改变面包表皮色泽，呈现诱人的金黄色或褐色。这些色素中的乳化剂有助于使面团软和；磷酸盐能调节发酵面团中微孔的大小；膨松剂则令面包松软可口；溴酸钾可增加面团的韧性和弹性，但因发现这种添加剂可致癌，我国已于2005年将其禁止使用，不过市场上并未销声匿迹,许多小作坊仍在使用;香精则让面包满屋飘香,根据不同的香味需要,香精的种类繁多;若是奶油面包,则奶油中会有抗氧化剂……在添加了诸如此类的形形色色的添加剂后,消费者最后才会看到使人垂涎欲滴的面包。看来,早餐中仅面包一样食品,就可为我们"贡献"40余种食品添加剂!

再来看看午餐情况。随着现代生活节奏的不断加快,肯德基、麦当劳等洋快餐越来越深入平民大众的生活,更因其便捷性得到了日常工作非常繁忙的年青上班族们的青睐,成了他们的必备午餐。这些洋快餐中的食品添加剂也不容小觑。

还是让我们来看个生活中的实例吧。杭州市中医院最近接诊了一位30多岁、亭亭玉立的白领丽人王小姐,她告诉接诊医生,因为嘴里长泡长疮才到医院来的,问医生是不是自己上火了。医生认真检查后,发现她的甘油三酯、血液黏稠度都很高。细问才知道,王小姐日常午餐喜欢吃油炸食品和甜食,其中特别爱吃汉堡,而且中午吃洋快餐已持续了快一年了,主要是感到洋快餐送上门很方便,节时高效。医生告诫她说,这种饮食习惯可能会让她患上心脑血管疾病、动脉粥样硬化、糖尿病的机会大大增加，罪魁之一就是植脂奶油，这种物质在薯条、汉堡、奶酪、蛋糕、巧克力等食物中普遍存在，其中所含的反式脂肪酸与心血管疾病关系密切。因为它会升高血液中的"坏"胆固醇，即低密度脂蛋白胆固醇，很容易造成人的动脉阻塞；同时它还会降低血液中的"好"胆固醇，即高密度脂蛋白胆固醇。有研究表明，如果人们反式脂肪酸摄入量减少 2.4%，冠心病死亡率就会降低 23%。

那么，王小姐"三天不吃就特别想念"的汉堡中会有多少种食品添加剂呢？笔者在一位日本医生写的书中找到了答案：汉堡中有 60 多种食品添加剂！有人可能会产生疑问，平时见到的汉堡包装上没有标出这么多种添加剂啊，估计没有这么多种吧？其实，汉堡的制作靠的就是添加剂，只不过法律上没有明确要求商家标示罢了。有关法律规定，现做现卖的食品没有必要标示食品添加剂，打包的快餐或零售的配菜也不需要严格标注。笔者有个朋友现为某汉堡店店长，虽然他们每天卖出成千上万个自己做的汉堡，但他却偷偷告诉我说："我不知道里面都放了什么东西，因此我自己从来不吃。而且与常吃的同事比较，感觉自己似乎瘦一些，体质也更好一些。"另外，他还告诉我，汉堡做出来后 10 分钟内销售完已成为一个基本原则，以保证口感良好。另外，在汉堡中使用的看起来像是蛋黄酱的东西，事实上根本不是蛋黄酱，而是用添加剂乳化过的调味汁。后来，笔者又专程调研了某汉堡制作厂家，重点查对了制作汉堡原材料中添加剂的种类，仅笔者认识或了解的至少有调味汁（如加入洋葱的半固体状调味汁、类乳状调味汁、加入黑胡椒的半固体状调味汁等）、pH 值调节剂、酵母剂、抗氧化剂、乳化剂、调味料（氨基酸等）、酒精、增黏多糖类、香辛料、香料、明矾、酸味料、醋酸钠、甘氨酸、甜味料（甜叶菊）、焦糖色素等20余种。可见，日本医生所言不虚。

那么晚餐情况怎么样呢？笔者的结论是，晚餐摄入的添加剂不比早餐和午餐少。我们国人通常习惯是早上吃少、中午吃饱、晚上吃好。因此，通常情况下大多数人的晚餐在全天中食用总量最多、食材品种最多、持续时间最长，有时还要和朋友或客户喝上几杯增进感情，在推杯换盏中摄入的食品添加剂就更多了。仅以白酒为例，按照我国国标GB 2760—2007《食品添加剂使用卫生标准》，从功能类别上分，白酒中至少可以添加甜味剂、食品用香料、营养强化剂、食品工业用加工助剂等4大类30余种食品添加剂，再加上其他色香味俱全的美味佳肴，一顿晚餐吃上近百种食品添加剂是"毫不费力"的。

2. 从主食到零食

"主食"一般指谷类食物，也称为粮食，最常见的是大米、面粉及其制品。主食的主要营养特点是：以淀粉（属于碳水化合物）为主；含一定量的蛋白质，但含量不够高，且不属于优质蛋白；脂肪含量一般很少，除非烹调时额外添加油脂；是B族维生素的重要来源；粗粮、杂粮是膳食纤维的重要来源。除大米和面粉外，糙米、全麦、玉米、小米、大黄米、燕麦（包括莜麦）、大麦、高粱、荞麦等粗杂粮，也是常见的谷类。绿豆、赤小豆、扁豆、芸豆、蚕豆等杂豆类（大豆之外的豆类）也符合主食的上述营养特点，故也可归入主食类，但它们的蛋白质含量是谷类的2~3倍。此外，薯类（如马铃薯、甘薯、木薯、芋头、山药等）的营养特点与谷类相似，所以也可作为主食食用。一些含有淀粉的坚果和种子，如莲子、薏米、栗子、芡实等,也应当纳入淀粉类主食的范围当中。用上述食物可以制作出各种各样的主食,如米饭、米粥、馒头、花卷、烙饼、面包、饼干、面条、方便面、豆包、米粉、油条、麦片、土豆饼等。

面粉刚走出增白剂的阴影,前段时间又惊曝出"大米中使用食品添加剂已经多年"的重磅新闻。作为"主粮"的大米,加上仅称呼就让人们不安的"食品添加剂",毫无意外地引起了巨大关注,以至于卫生部几乎在第一时间就做出了回应。

走进超市,几乎所有食品的包装上都会印着各种各样的添加剂配料,厂家没有添加剂几乎寸步难行,消费者也越来越依赖使用添加剂的食品。现在的面包为什么比过去更蓬松诱人,主要是添加剂的功劳。一位在大型超市蛋糕房工作多年的从业人员介绍说,过去还没有蛋糕油这种添加剂的时候,蛋液的打发过程非常慢,半个小时也不一定能达到效果,不仅出品率低,成品的口感也很粗糙,有时还会有严重的蛋腥味。后来有了蛋糕油这种添加剂,打发时间降到仅10分钟左右,而且口感变得好多了。她说,松软,是泡打粉的功劳;细腻,是依靠蛋糕油做到的;奶香,是奶精的味道;想要甜味与果香,就加入甜味剂与香精。总之,没有食品添加剂,根本做不成目前这样可口的蛋糕。

近日笔者在多家超市查询一些冷饮的配料表,并未发现含有卫生部拟撤销的38种食品添加剂。但是,雪糕使用的食品添加剂之繁多,令人咋舌。某品牌雪糕,竟含有22种食品添加剂,其中单着色剂就有柠檬黄、苋菜红、胭脂红、日落黄、亮蓝等5种。随后请教专家,专家称,这22种食品添加剂内,包括了3种乳化剂、1种甜味剂、7种稳定剂、

1 种香精、5 种酸味剂和 5 种着色剂。

3. 从一般食品到保健品

随着社会进步和经济发展,人类对自身的健康日益关注。20 世纪 90 年代以来,全球居民的健康保健消费逐年攀升,公众对营养保健品的需求十分旺盛。在按国际标准划分的 15 类国际化产业中,医药保健是世界贸易增长最快的五个行业之一,保健食品的销售额每年以 10% 以上的速度增长。中国保健品产业经过多年快速发展,已经逐渐壮大。保健食品产业的快速发展离不开食品添加剂的贡献,食品添加剂已逐渐成为保健品加工、品质改良不可缺少的原料,具有保健功能的食品添加剂甚至已成为生产保健食品的关键配料。

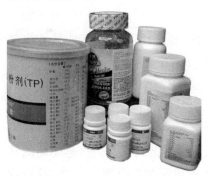

2012 年 5 月,湖北省孝感一中惊现史上最刻苦"吊瓶班",教室内很多同学一边打吊瓶,一边学习,场面壮观。校方回应称,学生输入的是补充能量的氨基酸。走访多家中学发现,随着 6 月中考、高考的来临,各种称有助于提高记忆力和免疫力的保健品开始热销。某连锁药店内,鱼肝油、健脑素等摆满了柜台。销售人员称,保健品在近一个月很畅销,其中绝大多数都是学生家长在购买,一般价格在 200元左右,够学生吃一个月。"儿子当年高考前也吃了半年保健品,虽然知道效果没有广告中说的那么神奇,但是总归是有点作用。"该销售人员表示。销售人员还透露,每年春节过后，青少年保健品便进入销售旺季，五六月份更是火爆，DHA软胶囊、口服氨基酸深受学生家长欢迎，每个月都有数十盒的销量，比中老年保健品的销量高出很多。如果厂家到校园搞促销，销量会更高。一位在药店工作多年的业内人士称，由于每个人的体质不同，服用保健品后可能导致不适应，有的保健品夸大其词，实际效用有待检验，盲目进补还可能产生副作用，最好的滋补方式还是改善饮食。

用于保健食品的食品添加剂大致有五类，即抗氧化剂、酶制剂、增味剂、营养强化剂及甜味剂。其中，抗氧化剂、营养强化剂、酶制剂三类在保健食品中用得较多。它们大都具有"健康功能"，能够作为具有营养功能、感觉功能和调节生理活动功能的食品的添加剂。这些添加剂能够增强人体体质、防止疾病、帮助恢复健康、调节身体节律和延缓衰老，都属于功能食品添加剂。

抗氧化剂能够影响脑行为，具有护眼功能，同时具有抗皱、抑制食欲、改善记忆力的功效，可以延缓衰老。保健食品中常见的抗氧化剂维生素 E 和 β-胡萝卜素可以保护细胞膜，维生素 C 可以排出细胞内的自由基。

酶制剂的主要作用是催化食品加工过程中的各种化学反应，改进食品加工方法。很多保健食品的有效成分是从各种功能性原料中提取的，例如微生物提取物需要通过各种酶来实现，如破壁酶、分解酶、转化酶、蛋白酶等；植物提取物需要通过淀粉酶、糖化酶、果胶酶、纤维素等来实现。萃取有效成分常用的是超临界法，所用的加工助剂是二氧化碳。

营养强化剂可以为保健品提供更完善的营养结构。保健食品中营养成分的复合能改善单一保健成分的不足，而且能起到协同增效作用。例如，AD 钙就是维生素 A、D 与钙制剂的有机复合产品，三者之间可以相互促进吸收。食品添加剂中常用的营养强化剂有：矿物质类，葡萄糖酸盐（锌、钙、镁、钠、钾、铜、锰、亚铁）、乳酸亚铁、乳酸锌、乳酸钙、磷酸二氢钙、磷酸三钙、活性钙、生物碳酸钙、海藻碘；维生素类，维生素 A、维生素 B、维生素 C、维生素 D、叶酸等；氨基酸类，L-赖氨酸盐酸盐、L-丙氨酸、牛磺酸等。

增味剂和甜味剂的主要功能是改善保健食品的口味，增强口感，很多新型产品能赢得市场，其秘诀就是调味调香的手段。很多香料能够赋予产品一定的风味，还能抑制和矫正某种食物不良的气味。由于保健食品首先强调的是保健功能，所以很多保健食品本身风味是不好的，但作为一种特殊食品，好的口味也是十分必要的。比如营养多肽，是多种动物、植物、微生物蛋白在一定条件下经酶解而得的高营养多肽，其口味并不像我们常吃的食品那么好，含有反应产生的不愉快的气味，也有原料带入的腥味，只有经过活性碳脱臭处理，以及调入适当的天然香料及甜味剂才能使其成为让人能够接受的保健食品。用于保健食品调整口味的天然甜味剂有甜菊糖甙、甘草素等，鲜味剂有氨基酸、核苷酸等，酸味剂有柠檬酸等。

此外，还有很多其他功能的食品添加剂在保健食品领域有着广泛应用。如赋形剂可以改良和稳定保健品的物理性质或组织状态。它们不但能改善保健品的形态，使得保健品能保持良好口感及品质稳定的实物结构，而且能改善保健品在人体内的吸收状态。

中国营养保健品市场规模目前已经超过 550 亿元，保健产业成为新一轮投资热点。在整个市场环境的影响下，新型功能性食品添加剂的研究也越来越迫切,而这项研究会加速保健食品行业的长远发展。

4.从有形到无形

2011 年 5 月 13 日,《青岛早报》报道,光明的大果粒酸奶中,草莓果粒中竟然含有近十种食品添加剂,却在酸奶外包装盒的配料栏中集体"隐身"。谁都不曾想到,美味的果粒酸奶中却隐藏着那么多的非法添加剂。根据媒体跟踪报道,光明一款草莓果粒酸奶中的配料表上标明,配料主要是生鲜牛奶、草莓果粒、白砂糖、食品添加剂(羟丙基二淀粉磷酸脂、果胶、明胶、食用香精)、乳清蛋白、嗜酸乳杆菌、双歧杆菌、保加利亚乳杆菌、嗜热链球菌。但实际上添加剂却远不仅仅这些:酸奶中的草莓果粒,还含有包括饮用水、高果糖浆、刺槐豆胶、阿斯巴甜、柠檬酸钠、瓜尔胶、柠檬酸、消泡剂、食用色素(红曲红)等 9 种食品添加剂。根据我国《食品添加剂卫生标准》(GB 2760—2011),不少添加剂并不允许使用在原味发酵乳食品中。光明酸奶为何"添而不标"?按照 2012 年 4 月 20 日起正式实施的国家强制性新标准《预包装食品标签通则》(GB 7718—2011)特别要求,所有食品添加剂必须在食品标签上明显标注,并且必须使用"通俗名",让消费者看明白。上述事件经媒体广泛报道后,光明乳业在 3 个月内就连续出现的 5 次问题,前后 3 次向公众道歉,并于 2012 年 7 月 20 日在其官方网站就相关事件作出致歉声明,同时公布了对相关责任人的处理结果。

商家为了减少消费者对其生产的食品使用添加剂的顾忌,增加销量,常常有意在配料表上隐藏或少标注真实使用的添加剂,主要运用三种方法:一是多用化学名称让消费者看不懂。例如,国家对防腐剂等几类主要的添加剂要求必须注明具体物质,于是"葡萄糖氧化酶""鱼精蛋白""丙酸钙"等很多消费者即使在化学课上都没有接触过的名字出现了。二是合并标识减少数量。常见合并标识的添加剂有香料、酵母、乳化剂、增稠剂、稳定剂、水分保持剂、pH 调节剂等,消费者往往认为,乳化剂、稳定剂、增稠剂等只代表一种添加剂。实际上,这种笼统标识的背后往往涵盖至少两种以上添加剂。一方面配料包装面积小,无法写那么多名词;另一方面也正合商家的心理,因为消费者会觉得化学名称越少越好。三是用专业名称掩盖危害性。如反式脂肪酸的"艺名"为氢化植物油、植物起酥油、起酥油、植脂末、人造黄油、人造奶油、植物奶油、麦淇淋等。饼干、面包、西式糕点、巧克力派、沙拉酱、炸薯条、炸鸡块、洋葱圈、咖啡伴侣、热巧克力等都是反式脂肪酸的"高发食品"。在点心、果汁、饼干中常见的甜味剂,则大都会以糖精、阿斯巴甜、甜蜜素、糖醇类、天菊糖甙、甘草,以及果葡萄糖、麦芽糖、低聚糖、甜叶菊糖、甜蜜素、安赛蜜等名称出现。

三、生意中难以割舍

食品添加剂滥用的背后是利益之手。加了不该加的东西、滥用了允许加的东西,可以使商家生产的食品成本更低、外观更好、口感更好、卖价更高、保存时间更长,其目的都是为了追求更高的利润。在这些行为中,即使是合法的食品添加剂,也都变成了"利润添加剂"。

1. 高标价低成本背后的真相

西瓜汁、柳橙汁、芒果汁、草莓汁……几乎各式各样的水果汁,都能在街头果汁店的价目表上出现,这些果汁价格,依照所选择水果的不同、杯子的大小,少则五元,多则十元,部分较贵的甚至达到二三十元。

在 2009 年 3 月 11 日《青岛早报》的报道中,该报记者假称自己准备开个奶茶店,一家食品添加剂店的工作人员随即提供了一份奶茶和果汁的配料单,上面共有 13 种成分,其中,植脂末、口服葡萄糖、麦芽糊精、鲜奶精、蛋白糖、阿拉伯胶、乙基麦芽酚、羧甲基纤维素以及炭烧咖啡香精这 9 种食品添加剂占到总配料的 87%,剩下的 13% 为白砂糖、全脂奶粉、红茶粉。工作人员表示,如果想要进一步节省成本,可以减少白砂糖、奶粉等非添加剂的使用量,例如,蛋白糖的甜度是白糖的 100 倍,每斤的价格为 10.5 元,仅是白糖的 3 倍左右,因而多加点蛋白糖替代白糖即可大大降低成本。一般一杯 500 毫升的奶茶或果汁的成本不超过 0.5 元。

据 2009 年 3 月 20 日《每日经济新闻》报道,在成都工作生活多年的胡先生在一家高档火锅酒楼宴请其生意伙伴,不经意间在吧台看到了服务员为其制作花生浆的过程。这一看让他从此"心有余悸",也从此下定决心:再也不喝酒楼、饭馆的诸如豆浆、花生浆、核桃浆以及果汁等自制饮料了。他说,当时服务员用勺子从几个装着粉末状物质的瓶子里挖了一些粉末,再跟水一起加入搅拌机里搅拌后,花生浆就端上了桌。胡先生说,那些粉末应该都是添加剂,却没看到一粒花生。餐饮业人士透露,餐饮企业自制饮料的现象很普遍。自制饮料是不少餐厅、酒楼、火锅店为满足顾客需求而推出的,既增添了服务品种,利润也相当可观。不过,正是在暴利的驱使下,类似的由糖精、香精、色素等勾兑而成的"三精水饮料"不但没有撤出市场,反而将逐利的目光盯上了中高档酒楼,只是它们现在换了一个身份——自制饮料。很多食品添加剂经营业主表示,自制饮料很简单,各种食品添加剂、食用色素等种类齐全,想制作什么饮料,只要按说明的比例就可以调制出来。

除了用添加剂勾兑外,不少中高档酒楼的"自制鲜榨饮料"出身也存在疑团。所谓"鲜榨",应该是"现榨现喝",但事实并非如此,生产这类饮料的小作坊往往藏身在一些城郊结合带,其加工场地简陋不堪,卫生条件差,操作完全不规范。许多中高档酒楼还将自制饮料业务外包给一些私人老板,酒楼提供场所让其销售,双方按三七或四六分成。而那些在酒楼里穿梭的榨汁工、果汁妹,其实根本不是酒楼的工作人员,他们只是这条暴利链条上的一环。据了解,一包重约2.5千克的添加剂,售价仅为10多元,但却可以制出25~30千克"鲜榨饮料"。某中档酒楼提供的一份自制鲜榨饮品价目表上写着:豆浆28元/扎、花生浆48元/扎、核桃浆68元/扎、雪梨汁88元/扎、木瓜汁98元/扎……据知情人士透露,由于大量使用添加剂,这样的饮品每扎的加工成本仅为2~7元不等,平均毛利率高达10倍以上,而高档酒楼利润更甚。一般一个服务员推销一扎自制饮料,都有 5～10 元的提成。

2. 食品添加剂是商家最喜欢的魔法粉末

浅褐色干瘪了的萝卜干,如果在添加剂制成的溶液里泡一个晚上,就会变成漂亮的黄澄澄的萝卜咸菜,咬起来咯吱咯吱,口感也好,谁都会觉得味道不错。由于使用了添加剂,和以前的咸菜相比,盐分更少,对身体也有"好处",便于向消费者推销。面条加工商常常因生产出来的面条不能长期储存而头疼,加入丙二醇和 pH 调节剂后,生产出来的面条就可以长期保存。

北方人多喜欢吃面食,尤其是手擀面,粗粗的面条比较筋道,深受欢迎。而手擀面真正做得好的师傅并不多,手擀面的技能是要经过常年练习才能培养出来的,光看是看不会的。食品添加剂是神奇的魔法粉末,和面的时候加入面筋粉,然后再添加乳化剂、磷酸盐等数种添加剂,就能很容易做出筋道顺滑的面条。本来手擀面都要用手使劲揉搓、挤压,加上发酵,需要花费大量的人力和物力,但由于添加剂的存在,这项工作变得相对简单。手艺就没有用武之地了,随便谁都可以轻松地做出筋道的手擀面来。

许多食品在加工过程中需要润滑、消泡、助滤、稳定和凝固等,很多商家为了图方便,会加入消泡剂、助滤剂、稳定剂和凝固剂等食品添加剂,使食品的加工操作变得简单快捷,如使用葡萄糖酸-δ-内酯作为豆腐的凝固剂,可有利于豆腐生产的机械化和自动化。这样神奇的魔法粉末只要按一定的原则搭配,就会创造出"无所不能"的食品,既减轻了人的体力劳动,提高了劳动效率,又降低了生产成本,对于逐利的商家来说,自然是"依赖感"十足。

　　食品中含有多种食品添加剂,就对健康有害? 没有添加剂的食品才健康? 昨日,国家食品安全风险评估中心印发《食品添加剂二十问》,明确指出,在现代食品工业环境下,完全不使用食品添加剂的食品已经很难找到,即使自己在家做饭,使用的油、盐、酱、醋等调味品,都会含有一定的食品添加剂。因此,"零添加"只是商家促销噱头,"不靠谱"。使用多种添加剂是否安全? 其实,"剂量决定毒性"。食品添加剂的安全性归根结底是要看用了多大的量和吃了多少,和使用的品种多少没有必然联系。王竹天说,实际上,多种食品添加剂的复合使用,往往产生事半功倍的"协同效应",会大大降低食品添加剂的总使用量。目前,国家对食品添加剂都要进行严格的风险评估,并通过留下足够的安全系数,严格规定使用范围和使用量来确保安全。

引自:《新京报》2014－06－12
《"零添加食品"不靠谱》

第四章

如何看待食品添加剂

一、不同的人看食品添加剂

面对市面上琳琅满目、色彩斑斓的各类食品,以及标注着的让人眼花缭乱的添加剂名称,大部分消费者如雾里看花,不断曝光的食品安全事件也让部分消费者谈添加剂色变,各类添加剂成了众矢之的。激烈反对者有之,支持者也不乏其人。下面让我们看看不同群体对食品添加剂的不同理解。

1. 商家:没有添加剂就没有现代食品工业

不少使用添加剂生产食品的商家众口一词:"如果不放食品添加剂的话,面包变得容易掉渣,月饼放一天就变硬,食品不好吃。"比如,饼干里的疏松剂,没有它饼干就达不到一定的疏松程度。制作果脯时,水果经过蒸煮颜色不好看了,香味也都没了,加入添加剂实际上是为了恢复它本来的面貌。"糖尿病人不能吃糖,就需要无营养甜味剂或低热能甜味剂,这些食品添加剂实现了无糖食品供应。对于各类有特殊需要的人群来说,食品添加剂可谓是"救星"。

2. 专家：食品添加剂应用必不可少

"可以说食品添加剂的应用是必需的。"某食品公司的技术人员王先生表示,食品中添加食品添加剂是正常的,有的也是必需的,如 β-胡萝卜素、氨基酸锌等功能性、营养性成分,都是身体所需的成分,有利于健康。对食品加工企业来说,食品添加剂有利于食品的加工操作,适应机械化、连续化大生产,已经成为食品工业化生产过程中不可或缺的原料。食品添加剂推动了食品工业的快速发展,可以说,没有食品添加剂就没有现代食品工业。但是前提是各种添加剂应在使用过程中必须符合《食品添加剂使用卫生标准》(GB 2760—2011),按照其说明的适用范围和剂量使用。现阶段食品添加剂在我国的应用情况比较理想。

3. 消费者：让食品添加剂远离餐桌

对于当前给食品安全敲响警钟的食品添加剂,消费者纷纷表示,行业内没有很好的监督平台,商家使用起来没有顾虑,除了经媒体曝光的企业,还有多少企业在钻空子,消费者很难知道,而且吃得不明不白。所以众多消费者认为,食品添加剂应该远离百姓餐桌。

4. 研究者：食品添加剂大量使用对人有害

一位从事化学生物研究工作的刘先生表示,食品添加剂大量使用对人体有害,一点不添加才是最妥当的做法。他认为,与其用人工的方法来增添香味,欺骗人们的嗅觉和肠胃,消费者还不如干脆吃天然的食物,享受它们的自然口味和朴实口感,那样不仅有益于身体健康,也少了商家有机可钻的空子。

由此看来,对食品添加剂的认识是仁者见仁、智者见智。可以说是公说公有理、婆说婆有理。那么,到底什么是食品添加剂? 它从哪里来? 又将向何处去? 食品添加剂到底是可爱的天使还是邪恶的魔鬼呢? 不妨让我们回溯一下食品添加剂的起源与发展,从食品添加剂的概念、功用,及其对人类健康产生的副作用等方面去认识食品添加剂对我们生活的深远影响,以正本清源。

二、食品添加剂的概念

添加剂,顾名思义,是一种添加到别的物质里的东西,一般包括饲料添加剂、食品添加剂、混凝土添加剂、机油添加剂等多种。这里,我们主要来认识一下食品添加剂。

按照《中华人民共和国食品卫生法》第43条和《食品添加剂卫生管理办法》第28条,中国对食品添加剂的官方定义是"为改善食品色、香、味等品质,以及为防腐和加工工艺的需要而加入食品中的化学合成或者天然物质"。只有列入《食品添加剂使用卫生标准》名单的产品,才可以被称作食品添加剂,除此之外添加的非食用物质均为非法添加物。

世界各国对食品添加剂的定义不尽相同,国际食品法典委员会(CAC)对食品添加剂的定义是:食品添加剂是指有意加入到食品中,在食品的生产、加工、制作处理、包装、运输或保存过程中具有一定的功能作用,其本身或者其副产品成为食品的一部分或影响食品的特性,其本身不作为食品消费,也不作为传统的食品成分的物质,无论其是否具有营养价值。美国对食品添加剂的定义是:由于生产、加工、贮存或包装而存在于食品中的物质或者物质的混合物，而不是基本的食品成分。联合国粮农组织（FAO）和世界卫生组织（WHO）联合国食品法规委员会对食品添加剂的定义为：食品添加剂是有意识地一般以少量添加于食品，以改善食品的外观、风味、组织结构或贮存性质的非营养物质。按照这一定义，以增加食品营养成分为目的的食品强化剂不包括在食品添加剂的范围内。我国在 2011 年 6 月 20 日开始实施的最新《食用添加剂使用标准》（GB 2760—2011）把食品添加剂定义成：为改善食品品质和色、香、味，以及为防腐、保鲜和加工工艺的需要而加入食品中的人工合成或者天然物质。营养强化剂、食品用香料、胶基糖果中基础剂物质、食品工业用加工助剂也包括在内。

食品添加剂被誉为现代食品工业的灵魂，是食品工业进步的产物，大大促进了食品工业的发展，可以说食品添加剂的发展水平标志着食品工业的发展水平。尽管各国对食品添加剂的定义不完全相同，但其关于食品添加剂的定义都涵盖了食品添加剂的以下几个特征：一是与食品中天然存在的一些物质相区别，食品添加剂是在食品生产加工过程中，有意添加到食品中去的；二是加入到食品中的食品添加剂能够满足一定的工艺需求，如可以改善食品的色、香、味等感观特征，或者能够提高食品的质量和稳定性等；三是食品添加剂的本质是化学合成或者天然存在的物质；四是食品添加剂的定义和范畴是依据所在国食品法律规范规定的。

三、食品添加剂发展简史

食品添加剂这一名词虽始于西方工业革命,但人们实际使用食品添加剂的历史久远。它的直接应用可追溯到一万年前。中国在远古时代就有在食品中使用天然色素的记载。

相传成书于秦汉时期的《神农本草经》、宋朝苏颂的《本草图经》中均有使用栀子染色的记载;在周朝时已开始使用肉桂增香;约在公元 25—220 年的东汉时期就用凝固剂盐卤制作豆腐,并一直流传至今;北魏时期的《食经》《齐民要术》中亦有用盐卤、石膏凝固豆浆等的记载;作为肉制品防腐和护色用的亚硝酸盐,大约在 800 年前的南宋时期就用于腊肉生产,并于公元 13 世纪传入欧洲;炸油条时使用的明矾,在古代就已经开始使用。世界范围内,公元前1500 年,埃及用食用色素为糖果着色。公元前 4 世纪,人们开始为葡萄酒人工着色。

工业革命的到来,对食品和食品工业的发展带来了巨大的冲击。人们对食品的品种和质量的要求也相应提高,其中包括对改善食品的色、香、味等方面的要求。科技的进一步发展,大大促进了人们对有关食品添加剂的知识和技术的应用,以更好地保藏食物和改善食物的色、香、味等。化学工业特别是合成化学工业的发展,更使食品添加剂进入到一个新的发展阶段,许多人工合成的化学品,如着色剂等相继大量应用于食品加工。其中,最早使用的化学合成食品添加剂是 1856 年英国人 W. H. Perkins 从煤焦油中提取的染料色素苯胺紫。

正是由于人工化学合成食品添加剂在食品中的大量应用,到 20 世纪初相继发现不少食品添加剂对人体有害,随后还发现有的可以使动物致癌。针对这类发现,一些国家加强了对食品添加剂的科学管理,某些国家和地区还曾出现了"食品安全化运动"和"消费者运动"等,纷纷提出禁止使用人工食品添加剂,恢复天然食品和使用天然食品添加剂等。日本在 1948 年开始实施食品卫生法,当时决定共有60 种化学物质可以作为食品添加剂用于食物中。在那个时代,日本是第一个将食品添加剂以正面表列方式呈现的国家,当时虽然已经有食品添加剂的概念,但是除日本以外的国家都采用"记载在此者不得使用,其余皆可使用"的负面表列方式。与此同时,国际上于 1955 年和 1962 年先后组织成立了"FAO/WHO 食品添加剂联合专家委员会"(JECFA)和"食品添加剂法规委员会"(CCFA),集中研究食品添加剂的有关问题,其中最突出的是食品添加剂的安全性问题,并向有关国家和组织提出相关意见和建议,从而使食品添加剂逐步走向健康发展的轨道。

我国在新中国成立后不久就对食品加工生产中某些食品添加剂的使用有过一些规定,例如 1953 年规定清凉饮料的制作不得使用有害的色素和香料,一般不得使用防腐剂,必要时使用苯甲酸钠,用量不得超过 1 克/千克。1954 年规定糖精在清凉饮料、面包、饼干、蛋糕中的最大允许量为0.15 克/千克。但是直到 1973 年成立"全国食品添加剂卫生标准科研协作组",才开始全面研究食品添加剂的有关问题。1977 年国家颁布了《食品添加剂使用卫生标准》和《食品添加剂卫生管理办法》,开始对食品添加剂进行全面的管理。1980年组织成立"全国食品添加剂标准化技术委员会",则将我国食品添加剂的标准化和国际化等推向更快发展的阶段。此后,由于我国食品添加剂工业的迅速发展,在1993年相继成立了"中国食品科学技术学会食品添加剂分会"和"中国食品添加剂生产和应用工业协会",从而真正将我国食品添加剂事业推向世界,走上了和世界各国共同发展的道路。

四、食品添加剂的功用

食品添加剂被誉为现代食品工业的灵魂,是食品工业进步的产物,大大促进了食品工业的发展,可以说食品添加剂的发展水平标志着食品工业的发展水平。这主要是说它给食品工业带来许多好处,其地位和作用主要体现在四个方面:一是改善食品的组织形态及色、香、味,以适应消费者的需求;二是补充食品的营养成分;三是使食品具有更有效、更经济的加工条件和更长的货架期、保质期;四是满足方便食品、快餐食品产量高速增长的需要。

1. 改善食品的感观性状

食品的色、香、味、形、体态等都是衡量食品质量的重要指标。食品加工过程中一般都有碾磨、破碎、加温、加压等物理工艺,在这些加工过程中,食品容易褪色、变色,风味和质地发生改变,有一些食品固有的香气也散失了。此外,同一个加工过程难以改善产品所有的感观性状。因此,适当使用着色剂、护色剂、漂白剂、香料、乳化剂和增稠剂等可明显提高食品的感官质量,满足人们对食品风味的不同需要。

这里以蛋糕为例说明食品添加剂在改善食品感观上的作用：

① 膨松剂使制品的质地柔软膨松,内部组织结构均匀,孔泡细密,富有弹性及光泽。

② 着色剂赋予了蛋糕多彩的颜色,可增加消费者的购买欲望。

③ 甜味剂增强蛋糕甜度。除此之外,糕点中还添加乳化剂、香精香料、增稠剂以改变其风味品质。

2. 保持或提高食品的营养价值

食品防腐剂和抗氧保鲜剂在食品工业中可防止食品氧化变质,对保持食品的营养具有重要的作用。同时,在食品加工过程中适当地增加某些天然营养范围内的食品营养强化剂,可大大提高食品的营养价值,防止营养不良和营养缺乏,维护营养平衡,提高人们的健康水平。

3. 延长食品的保质期

各种生鲜食品和各种高蛋白质食品如不采取防腐保鲜措施,出厂后将很快腐败变质。为了保证食品在保质期内保持应有的品质,必须使用防腐剂、被膜剂和护色剂等。

4. 增强食品的品质和方便性

目前,市场上有多达 2 万种以上的食品供消费者选择。

尽管这些食品的生产采用了不同的加工方法和包装形式，但这些色、香、味俱全的产品大多是具有防腐、抗氧化、乳化、增稠、着色、增香、调味等不同功能的食品添加剂配合使用的结果。这些食品，尤其是各种琳琅满目的方便食品，摆满了食品超市的货架，增加了食品的花色品种，给人们的生活和工作带来了很大的便利。各种食品根据加工工艺的不同、品种的不同、口味的不同，一般都要选用相应的食品添加剂，尽管添加量不大，但不同的添加剂能使食品获得不同的花色和口味。食品添加剂的使用不仅增加了食品的花色品种和提高了食品的品质，而且在生产过程中使用稳定剂、凝固剂、絮凝剂等各种添加剂能降低原材料消耗，提高产品收率，从而降低了生产成本，可以产生明显的经济效益和社会效益。

此外，食品添加剂还为食品的加工操作提供了便利。许多食品在加工过程中需要消泡、助滤、稳定和凝固等，适当使用消泡剂、助滤剂、稳定剂和凝固剂等食品添加剂，有助于食品的加工操作，如使用葡萄糖酸-δ-内酯作为豆腐的凝固剂时，有利于豆腐生产的机械化和自动化。食品添加剂还是特殊膳食食品的必要配料或成分。在生活中，人们对一些特殊膳食的需求越来越多。例如糖尿病患者一般不能吃含糖的食品，所以需要"无糖食品"。如何既满足糖尿病患者对甜味的喜欢，又不造成糖的摄入量增加？按标准使用甜味剂（如三氯蔗糖或天门冬酰苯丙氨酸甲酯）制成无糖食品就能够达到这一功效。又如，婴儿生长发育需要各种营养素，因而奶粉供应商开发出了添加有矿物质、维生素的配方奶粉。

五、食品添加剂不当使用的危害

1. 超量使用食品添加剂的危险

对于食品添加剂，"剂量决定危害"。比如食盐也是一种食品添加剂，谁都知道它是人体不可或缺的一种元素，但如果一次性大剂量地使用食盐的话，也有可能造成人的急性死亡。超量和违规使用食品添加剂对人体健康危害特别严重。不同的添加剂会对人体器官产生不同的损害，如过氧化苯甲酰可对人体的肝脏、肾脏产生损害；又如日本的森永奶粉事件就是奶粉中使用了砷含量过高的添加剂，造成一万多名婴儿中毒；某些人工甜味剂、色素等经动物试验证实有致癌作用，如奶油黄色素可诱发大鼠肝癌，甜味剂甘精和苯脲也能引起动物肿瘤；食品添加剂加入食品后，在体内可产生一些转化产物，如亚硝酸盐在体内可以转化为亚硝胺，对人体产生有害作用；甲醛也是公认的致癌物质；矿物油加工的食品，可引起腹痛、腹泻、呕吐等症状；过量地摄入防腐剂有可能使人患上癌症，虽然在短期内不一定产生明显的症状，但一旦致癌物质进入食物链，循环反复、长期积累，终会影响食用者健康；过量摄入色素会造成人体毒素沉积，对神经系统、消化系统等都会造成不同程度的伤害。

许多孩子很喜欢小食品，即使是成人有时也会受到诱惑。但是当食品中的人工色素、香精、膨化剂、防腐剂等超标时，尤其会对孩子的肝脏、血液、中枢神经系统构成危害，影响孩子的健康成长。值得警惕的是有些"黑心工厂"为了追求食品的香、酥、脆，常常使用化工材料代替天然的添加剂，致使不合格的产品流入市场。这些"超标食品"对免疫系统发育尚不成熟的儿童来说，由于其肝脏的解毒能力较弱，会导致某些过敏反应。

不少人喜欢吃甜食。千万不要以为甜食的甜味都来自于普通的蔗糖，许多甜腻的食品加入的都是甜度相当于蔗糖 300~500 倍的人工合成甜味剂——糖精钠。在蜜饯、雪糕、糕点以及饼干的制作过程中，《食品添加剂使用卫生标准》(GB 2760—2011)规定糖精钠的最大使用量为 0.15 克/千克。糖精钠在体内不能被吸收，从其化学结构来看，糖精钠经水解后会生成有致癌威胁的环乙胺，环乙胺的主要排泄端口是泌尿系统。过量使用糖精钠很容易导致膀胱癌。

2. 食品添加剂与癌症的关系

随着社会的进步与发展，人们在生活水平提高的同时，对健康的关注越来越强烈，人们质疑"花儿为什么这样红"，对食品中使用添加剂对人体健康造成的危害提出了疑问。近 40 年来，各国因滥用食品添加剂，中毒事件层出不穷。据美国卫生基金会和国家癌症研究所分析，全世界每年罹患癌症的 500 万人中，有 50% 左右是食品污染造成的，其中有一些正是来自食品添加剂，例如色素中的奶牛黄、碱性槐黄，人造甜味剂中的糖精钠和已经禁用的防腐剂焦碳酸二乙酯等等，都是可疑的致癌物质。20 世纪 70 年代，研究人员通过动物试验发现糖精钠对试验动物有致膀胱癌的可能性。美国等发达国家的法律规定，在食物中添加糖精钠时，必须在标签上注明"使用本品可能对健康有害""本产品含有可以导致试验动物癌症的危险"等警

示语。

还有，目前我国普遍使用的防腐剂有山梨酸、山梨酸钾、苯甲酸、苯甲酸钠、植物杀菌素、二氧化碳、硝酸盐、亚硝酸盐、亚硫酸盐等等，其中以亚硝酸盐致癌的危险较大，比如酱油中就有亚硝酸盐，它进入人体后会发生亚硝化反应，生成致癌物质亚硝氨，使肝脏、食管等发生癌肿。发色剂亚硝酸钠会与肉、鱼等食品中的胺类发生反应，生成有强致癌作用的亚硝基化合物。

另外，长期使用含添加剂的食品，或可导致淋巴细胞变异，增加患上淋巴癌的风险。据医院相关负责人介绍，人越年轻，淋巴细胞就越有活力，就越容易患淋巴癌，恶性淋巴瘤多发生在 20 岁到 40 岁的青壮年。从研究来看，造成淋巴癌的原因还不明确，但是现在绝大多数食物中都含有添加剂，这种添加剂带来的影响，值得人们谨慎对待。

从如今的食品行业来看，最常用的食品添加剂主要包括防腐剂、抗氧化剂、膨松剂、甜味剂、着色剂等等。这些食品添加剂广泛用于各个行业，小到街边的小吃店，大到高档的餐饮酒楼，涉及面广，影响力大。消费者可能在不知不觉中就食用了含添加剂的产品。譬如说甜味剂，在饮料、糖果、酱类及各种小食品中广泛使用；膨松剂也是，我们熟知的蛋糕、面包、饼干、油条等当中都可能使用，长期食用必然对身体有害。

常见的致癌添加剂有：

（1）焦糖色素。这种食品添加剂存在于可乐、咖啡等饮

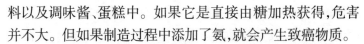

料以及调味酱、蛋糕中。如果它是直接由糖加热获得,危害并不大。但如果制造过程中添加了氨,就会产生致癌物质。

（2）糖精。该食品添加剂属于人工甜味剂,存在于饮料、果冻等食品中。如果糖精中违规添加了芒硝和工业氯化镁这些工业级物质,就会导致膀胱癌。如奶茶中添加糖精致癌,暴露了奶茶行业的猫腻,也让很多喜欢喝奶茶的人痛心疾首。

（3）溴酸钾。在焙烤过程中使用这种食品添加剂可以帮助面包膨胀。溴酸钾也可用于面粉制作。研究发现,它会导致前列腺癌和肾癌。

（4）角叉莱胶。这是一种从海藻中提取的乳化剂和增稠剂,可用于果冻、软糖、冰淇淋和乳品中。实验表明,这种食品添加剂与癌症、结肠问题以及溃疡有关。

3. 转基因造成的新型安全恐惧

随着转基因技术的发展,该技术在食品领域中得到了越来越广泛的应用,因而产生了转基因食品。转基因食品因其存在的五大隐患,危害远远超过鸦片。现在,利用基因工程技术改善菌种生产的酶制剂已经应用到食品添加剂的领域中,而且,有些转基因成分也作为一种特殊的食品添加剂而使用,如卡那霉素抗性基因编码蛋白。但由于多方面的原因和限制,目前对转基因食品及其制品的安全性评价方式主要采用"实质等同"的原则,即如果一种新食品与传统食品或食品原料或已批准的新食品在种属、来源、生物学特征、主要成分、食用部位、使用量、使用范围和应用人群等方面比较大体相同,所采用工艺和质量标准基本一致,可视为它们是同等安全的,具有实质等同性。那么,就安全性而言,它们可等同对待。但是"实质等同"原则也有它的局限性,所以更全面、更安全、更科学的评价方法还有待于进一步研发。在我国，对转基因食品也有明确规定：食品产品（包括原料及其加工食品）中含有基因修饰有机体和表达产物的，要注明"转基因食品""以转基因食品为原料"等字样。如果转基因食品来自潜在的致敏食物，还要标明"本产品转××食物基因，对××食物过敏者注意"。这些措施虽然在一定程度上规范了转基因食品市场，但也在某种意义上加剧了消费者对转基因食品的恐惧，同时也增加了消费者对食品添加剂安全性的不信任。

4. 多种食品添加剂造成的"复合毒性"

一个值得重视的问题是，虽然每种添加剂有使用标准，但不少厂家却同时使用几种甚至数十种添加剂，而对由此造成的累积剂量，我国还未出台相应标准加以规范。含有20种添加剂的雪糕，14种添加剂的方便面，就连纯天然酿造的酱油也包含多种添加剂，会否产生危害？华南理工大学轻工与食品学院副教授余以刚表示："食品添加剂累加之后产生危害的可能性的确存在！目前食品行业添加剂标准都是对一种添加剂的单一检测，尚没有对累加效应的检

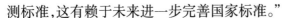

测标准,这有赖于未来进一步完善国家标准。"

即使只进行极少数的实验,也已经发现几个可能具有食品添加剂复合毒性的问题:

(1)保色剂亚硝酸盐与鱼肉本身所含天然成分的复合毒性。鱼肉含有的天然成分(特别是鲑鱼卵子与鳕鱼中高含量的二甲基胺)若与亚硝酸盐加在一起,很容易产生致癌物质——亚硝胺。

(2)防腐剂山梨酸与亚硝酸盐的复合毒性。食用肉制品等多种食品中使用的防腐剂山梨酸,若与食用肉制品中常用的保色剂亚硝酸盐同时在酸性状态下加热(山梨酸必须在酸性状态下才发生作用),会产生致变异性物质等具有致癌可能的物质。

(3)防腐剂OPP(邻苯基苯酚)与咖啡因的复合毒性。国外进口的柠檬等柑橘类水果上使用的防腐剂OPP,若与咖啡加在一起,会产生变异原性物质。

(4)煤焦色素的复合毒性。煤焦色素与其他煤焦类色素混合使用时,其毒性会比单独使用时的毒性更加强大。

以上列举了几则已知的食品添加剂复合毒性的实例。即便人们引起足够重视,但在日常生活中,食品添加剂、残留农药、大气污染物质、水污染物质等总不可避免地会进入到人体内。特别是当消费者长期大量食用同一种食品或多种食品,处于一种非正常食用情况时,待其摄入的食品添加剂中的有害成分达到一定的累积量,就很可能对人体造成伤害。比如维生素A,具有脂溶性,可作为强化剂,但在人体内有蓄积作用,如在奶粉、饮料、蛋黄酱中添加,儿童长期摄食超过3个月,总摄入量达到25~84万单位时,就会出现食欲不振、便秘、体重停止增加、失眠、兴奋、肝大、脱毛等现象。

域外传真 ◦ ◦ ◦ ◦ ◦
美国：三级安全监管让百姓放心

　　美国人很少为吃"犯嘀咕"，基本是"放心买、大胆吃"，这都得益于全面、系统的食品安全监管体系。

　　美国的食品安全监管体系遵循以下指导原则：只允许安全健康的食品上市；食品安全的监管决策必须有科学基础；政府承担执法责任；制造商、分销商、进口商和其他企业必须遵守法规，否则将受处罚；监管程序透明化，便于公众了解。

　　美国整个食品安全监管体系分为联邦、州和地区三个层次。以联邦为例，负责食品安全的机构主要有卫生与公众服务部下属的食品和药物管理局和疾病控制和预防中心，农业部下属的食品安全及检验局和动植物卫生检验局，以及环境保护局。

　　在网络普及的美国，通过互联网发布食品安全信息十分普遍。联邦政府专门设立了一个"政府食品安全信息门户网站"。通过该网站，人们可以链接到与食品安全相关的各个站点，查找到准确、权威并更新及时的信息。

　　这个网站的标志为"从农田到餐桌"，意即整个食物链条涉及种植、包装、运输、加工处理、零售直至消费者的各个环节，食品安全需要政府、相关行业和消费者的共同努力。

引自：《凤凰生活》2013 年 7 月刊

常用食品添加剂有哪些

一、食品添加剂的类别

1. 按来源分

食品添加剂按来源分为有天然食品添加剂和人工化学合成品两大类。天然食品添加剂又分为由动植物提取制得和用生物技术方法由发酵或酶法制得两种,主要利用动植物或微生物的代谢产物为原料,经提取获得,如天然色素中的红花油、胡萝卜素、姜黄素、红曲色素、紫苏色素、甜菜红色素、辣椒红素、叶绿素等。化工合成法制得的食品添加剂又可分为一般化学合成品与人工合成天然等同物,是通过化学反应如氧化、还原、缩合、聚合、成盐等得到的产物,如天然等同香料、天然等同色素等。

2. 按生产方法分

食品添加剂按生产方法分为化学合成品、生物合成品(酶法和发酵法)、天然提取物三大类。

3. 按功能分

食品添加剂按功能分可有很多种类,各国亦有所不同。如美国的《联邦食品、药品和化妆品法》将其分为32类。联合国粮农组织和世界卫生组织(FAO/WHO)基于食品添加剂联合专家委员会(JECFA)的工作,于1984年曾将其细分为95类,而1994年则将其分为40类。分类过细,一方面不少类别仅有1～2个品种,另一方面又有某些类别中重复出现某一个品种的情况,给食品添加剂的使用带来了一些混乱。日本将食品添加剂分为25类。欧盟仅分为9类。

二、我国允许使用的食品添加剂

我国在《食品添加剂使用标准》(GB 2760—2011)中按食品添加剂的功能将其分为酸度调节剂、抗结剂、消泡剂、抗氧化剂、漂白剂、膨松剂、胶姆糖基础剂物质、着色剂、护色剂、乳化剂、酶制剂、增味剂、面粉处理剂、被膜剂、水分保持剂、营养强化剂、防腐剂、稳定剂和凝固剂、甜味剂、增稠剂、食品用香料、食品工业用加工助剂和其他食品添加剂共23类,包括2 400多个食品添加剂品种,其中加工助剂158种,食品用香料1 853种,胶姆糖基础剂物质55种,其他类别的食品添加剂334种。此外,我国允许使用的食品营养强化剂约200种。

1. 酸度调节剂(Acidity Regulators)

酸度调节剂亦称 pH 调节剂,是用以维持或改变食品酸碱度的物质,具有改善食品质量的功能,普遍用于各类食品中。酸度调节剂主要包括用以控制食品酸碱度的酸化剂、碱剂以及具有缓冲作用的盐类。相当一部分糖果与巧克力制品采用酸味剂来调节和改善香味效果，尤其是水果型的制品。

酸化剂具有改善食品质量的许多功能特性，例如改变和维持食品的酸度并改善其风味；增进抗氧化作用，防止食品酸败；与重金属离子络合，具有阻止氧化或蜕变

反应、稳定颜色、降低浊度、增强胶凝特性等作用。酸均有一定的抗微生物作用，尽管单独用酸来抑菌和防腐所需浓度太大，影响食品感官特性，难以实际应用，但是当选用一定浓度的酸化剂与其他保藏方法如冷藏、加热等并用，可以有效地延长食品的保质期。至于对酸的选择，取决于酸的性质及其成本等。

我国现已批准许可使用的酸度调节剂有：柠檬酸、乳酸、酒石酸、苹果酸、偏酒石酸、磷酸、乙酸、盐酸、己二酸、富马酸、氢氧化钠、碳酸钾、碳酸钠、柠檬酸钠、柠酸酸钾、碳酸氢三钠、柠檬酸一钠等 17 种。

我国目前可使用的酸度调节剂品种不少，但是，与国外许可使用的同类品种相比尚有一定差距，主要是缺少各种有机酸的盐。不过，当前重要的是加强应用开发，应尽量利用现有品种，针对不同食品原料，研制出具有各自不同风味特点、受人欢迎的加工食品。

2. 抗结剂（Anticaking Agents）

抗结剂又称抗结块剂，是用来防止颗粒或粉状食品聚集结块，保持其松散或自由流动状态的物质。其颗粒细微、松散多孔、吸附力强、易吸附导致形成结块的水分、油脂等，使食品保持粉末或颗粒状态。

我国许可使用的抗结剂目前有 5 种：亚铁氰化钾、硅铝酸钠、磷酸三钙、二氧化硅和微晶纤维素。

抗结剂的品种不少，除了我国许可使用的 5 种以外，国外许可使用的还有硅酸铝、硅铝酸钙、硅酸钙、硬脂酸钙、碳酸镁、氧化镁、硬脂酸镁、磷酸镁、高岭土、滑石粉和亚铁氰化钠等。它们除有抗结块作用外，有的还具有其他作用，如硅酸钙及高岭土还具有助滤作用，硬脂酸钙和硬脂酸镁有乳化作用等。而且除亚铁氰化物的ADI（Aceptable Daily Intake，人体每日允许摄入量）值有所限定以外，其余品种的安全性均很好，ADI 值均无须规定，尚可根据需要予以适当发展。

3. 消泡剂（Antifoaming Agents）

消泡剂是在食品加工过程中为降低表面张力、消除泡沫而添加的物质。泡沫的产生大多是在外力作用下，溶液中所含表面活性物质在溶液和空气交界处形成气泡并上浮，或者如明胶、蛋白质等胶体物质成膜、成泡所致。在食品加工时，若发酵、搅拌、煮沸、浓缩等过程中会产生大量气泡，影响正常操作的进行，则必须及时添加剂泡剂消除泡沫或使之不致产生。

消泡剂大致可分两类：一类能消除已产生的气泡,如乙醇等;另一类则能抑制气泡的形成,如乳化硅油等。我国许可使用的消泡剂有:乳化硅油、高碳醇脂肪酸酯复合物、聚氧乙烯聚氧丙烯季戊四醇醚、聚氧乙烯聚氧丙醇胺醚、聚氧丙烯甘油醚和聚氧丙烯氧化乙烯甘油醚等6种。

4. 抗氧化剂(Antioxidants)

抗氧化剂是一种通过给食品中易氧化成分的分子中脱氧基团提供氢原子、阻止氧化连锁反应,或与其形成络合物,抑制氧化酶类的活性,从而防止和延缓食品表面氧化变质的一类食品添加剂。因而它能提高食品稳定性和延长贮存期。抗氧化剂在食品加工中主要用于食用油脂及油脂含量较高的食品和果蔬加工中。食品成分氧化变质的表现有油脂及富脂食品的酸败,食品褪色、褐变,维生素被破坏,等等。

抗氧化剂按溶解性分为油溶性与水溶性两类:油溶性的有丁基羟基茴香醚(BHA)、二丁基羟基甲苯(BHT)、特丁基对苯二酚(TBHQ)、没食子酸丙酯(PG)等;水溶性的有异抗坏血酸及其盐等。抗氧化剂按来源可分为天然的与人工合成的两类:天然的有 DL-α-生育酚、茶多酚等;人工合成的有丁基羟基茴香醚等。

以油脂或富脂食品中的脂肪氧化酸败为例,除与脂肪本身的性质有关外,与贮藏条件中的温度、湿度、空气及具催化氧化作用的光、酶及铜、铁等金属离子直接相关。欲防止脂肪的氧化就必须针对这些因素采取相应对策,抗氧化剂的作用原理正是这些对策的依据,如:阻断氧化反应链,自身抢先氧化;抑制氧化酶类的活性;络合铜、铁等金属离子,以消除共催化活性;等等。抗氧化剂的作用原理在于防止或延缓食品氧化反应的进行，但不能在氧化反应发生后而使之复原，因此，抗氧化剂必须在食品氧化变质前添加。

抗氧化剂的使用量一般较少（0.025%～0.1%），必须与食品充分混匀才能很好地发挥作用。另外，柠檬酸、酒石酸、磷酸及其衍生物均与抗氧化剂有协同作用，起着增效剂的效果。

抗氧化剂的使用不仅可以延长食品的贮存期、货架期，给生产者、经销者带来良好的经济效益，而且可以给消费者带来更强的安全感。由于近年来人们对化学合成品的疑虑，随之而来的便是对天然抗氧化剂的重视，例如：经由微生物发酵制成的异抗坏血酸用量，近年来上升很快；茶多酚是我国近年开发的天然抗氧剂，在我国内外颇受欢迎，其抗氧活性约比维生素 E 高 20 倍，还具有一定的抑菌作用；从唇形科植物迷迭香中可提取出高品质的具有抗氧化作用的油树脂；从芸香植物中提取出的抗氧化剂，其抗氧化活性强于维生素 C 和合成抗氧化剂（JP 05—171145）；从桉树叶中提取出的两种抗氧物，其抗氧活性 3 倍于 BHA（JP 05—186768）；从葵花叶等植物中用己烷或乙醚萃取，可制得抗氧化物质（JP 05—01285）；此外，由橘皮、胡椒、姜、辣椒、芝麻、丁香、茴香等均可制得优于维生素 C 和 BHA 的抗氧化剂。

但总的来看，来自于植物原料的抗氧剂，虽然研究工作活跃，开发的品种也不少，但真正应用的还不多，尚有待进一步挖掘：一是广开原料资源或是利用植物的废弃物提制，二是尝试人工仿制合成或半合成。

从应用的要求来说，不论是合成的还是天然的抗氧化剂都不会是十全十美的,况且各种食品的性质和加工方法又有差别,因此一种抗氧化剂很难适合各种食品的要求。为了适应不同食品的不同要求和充分利用不同抗氧化剂的协同作用,可以开发复配型的抗氧化剂。此外,抗氧化剂也可与具有其他功能的食品添加剂复配,制成具有多功能的复配制剂,如将适合的防腐剂、抗氧化剂等加到各种包装材料中,通过控制释放达到抗氧、保鲜等多种目的。

美国允许使用的抗氧化剂为 24 种,德国为 12 种,英国、日本各为 11 种,加拿大、法国均为 8 种。我国(GB 2920—1996)规定允许使用的抗氧化剂为 14 种,具体品种为:特丁基对苯二酚、茶多酚、异抗坏血酸钠、没食子酸丙酯、植酸、4-己基间苯二酚、硫代二丙酸二月桂酯、脑磷脂、抗坏血酸钙、二丁基羟基甲苯、丁基羟基茴香醚、抗坏血酸棕榈酸酯、抗坏血酸、甘草抗氧化物等。

5. 漂白剂(Bleaching Agents)

漂白剂是破坏、抑制食品的发色因素,使其褪色或使食品免于褐变的物质,分氧化漂白剂和还原漂白剂二类。

漂白剂除可改善食品色泽外,还具有抑菌等多种作用,在食品加工中应用甚广。氧化漂白剂除了作为面粉处理剂的过氧化苯甲酰等少数品种外,实际应用很少。至于像过氧化氢,我国仅许可在某些地区用于生牛乳、袋装豆腐干的保鲜,不作氧化漂白用。

还原漂白剂实际应用深广,且多属于亚硫酸及其盐类,它们都是以其所产生的具有强还原性的二氧化硫起作用。我国从古至今所用"熏硫"漂白,亦是利用其所产生的二氧化硫的作用。由于具体操作等因素的影响,目前硫磺已逐步被二氧化硫及亚硫酸盐类所取代。我国新近批准许可使用的稳定态二氧化氯亦具有很好的漂白、消毒作用。

需要注意的是,还原漂白剂只有当其存在于食品中时方能发挥作用,一旦消失,食物即可被空气中的氧氧化而再次显色。另外,这类物质有一定毒性,故应在使用时严格控制其使用量,以免残留毒性。

我国允许使用的漂白剂品种有:二氧化硫、硫黄、亚硫酸钠、焦亚硫酸钠、低亚硫酸钠、亚硫酸氢钠、焦亚硫酸钾等。

6. 膨松剂(Bulking Agents)

膨松剂是在以小麦粉为主的焙烤食品中添加,并在加工过程中受热分解,产生气体,使面胚起发,形成致密多孔组织,从而使制品具有膨松、柔软或酥脆等特性的一类物质。它分为碱性膨松剂和复合膨松剂两类。前者主要是通过碳酸氢钠或碳酸氢铵产生二氧化碳,使面胚起发。复合膨松剂中的酸性物质可中和在产生二氧化碳过程中所形成的碱性盐,还可以调节二氧化碳产生的速度。而淀粉等则具有有利于膨松剂保存,调节气体产生速度,使气泡分布均匀等作用。

膨松剂主要用于焙烤食品的生产,它不仅可提高食品的感官质量,而且也有利于人体对食品的消化吸收,这在今天大力发展方便食品并强调其营养作用时具有一定的重要性。

碱性膨松剂的作用单一（产气），且会产生一定的碱性物质。如碳酸氢钠在产生二氧化碳时还会产生一定量的碳酸钠，影响制品质量；而碳酸氢铵在应用时所产生的氨气会残留于食品中发出特异臭等。因此目前实际应用的膨松剂大多是由不同物质组成的复合膨松剂。

复合膨松剂的配方很多，且依具体食品生产需要而有所不同。通常按所用酸性物质的不同会有产气（二氧化碳）快慢之别。例如其所用酸性物质为有机酸、磷酸氢钙等时，产气反应较快，而使用硫酸铝钾、硫酸铝铵等时则反应较慢，通常需要在高温下发生作用。

使用复合膨松剂时对产气快慢的选择相当重要。例如在生产蛋糕时，若使用产气快的膨松剂太多，则蛋糕在焙烤初期很快膨胀，此时蛋糕组织尚未凝结，到后期蛋糕易塌陷且质地粗糙不匀。与此相反，使用产气慢的膨松剂太多，焙烤初期蛋糕膨胀太慢，待蛋糕组织凝结后，部分膨松剂尚未释放出二氧化碳气体，致使蛋糕体积增长不大，失去膨松剂的意义。

近年来的研究表明，膨松剂中铝的吸收对人体健康不利，因而人们正在研究减少硫酸铝钾和硫酸铝铵等在食品生产中的应用，并探索用新的物质和方法取代其应用，尤其是取代这类物质在我国人民长期习以为常的食物——油条中的应用。

我国允许使用的膨松剂品种有：碳酸氢钠、酒石酸氢钾、轻质碳酸钙（碳酸钙）、磷酸氢钙、碳酸氢铵、硫酸铝钾、硫酸铝铵等。

7. 胶姆糖基础剂（Chewing Gum Bases）

胶姆糖基础剂是赋予胶姆糖起泡、增塑、耐咀等作用的物质,一般以高分子胶状物质如天然橡胶、合成橡胶等为主要成分,同时配以软化剂、填充剂、抗氧化剂和增塑剂等。胶姆糖(香口胶、泡泡糖)由胶基、糖、香精等制成,胶基占胶姆糖的20%~30%。20世纪初,胶基几乎都从糖胶树胶以及类似的天然树木胶乳而来,随着胶姆糖日益流行,这种物质供不应求,人们便开始使用其他相似的乳胶。后来,则开始使用合成物质。胶基必须是惰性不溶物,不易溶于唾液。至于胶基的成分则很复杂,可有天然树胶、合成橡胶、树脂、蜡类、乳化剂、软化剂、胶凝剂、抗氧化剂、防腐剂、填充剂以及色素、色淀、香精等,可制成的胶基有泡泡胶、软性泡泡胶、酸味软性泡泡胶、无糖泡泡胶、香口胶、酸味香口胶、无糖香口胶等,并可根据生产厂家的需要,制作相应的胶基。

我国允许使用的胶姆糖基础剂品种有:聚丁烯、莱开欧胶、聚异丁烯、聚乙烯、天然橡胶(固体乳胶)、巴拉塔树胶、节路顿树胶、芡茨棕树胶、糖胶树胶、丁基橡胶、丁苯橡胶、聚乙酸乙烯酯等。

8. 着色剂(Colorants)

着色剂是使食品着色和改善食品色泽的物质,通常包括食用合成色素和食用天然色素两大类。

食用合成色素主要指用人工化学合成方法所制得的有机色素,按其化学结构又可分为偶氮类和非偶氮类两类。前者有苋菜红、柠檬黄等,后者有赤藓红和亮蓝等。目前世界各国允许使用的合成色素几乎全是水溶性色素。此外,在许可使用的食用合成色素中,还包括它们各自的色淀。色淀是由水溶性色素沉淀在许可使用的不溶性基质(通常为氧化铝)上所制备的特殊着色剂。

　　我国许可使用的食用合成色素有：苋菜红、胭脂红、赤藓红、新红、诱惑红、柠檬黄、日落黄、亮蓝、靛蓝和它们各自的铝色淀，以及 β-胡萝卜素、叶绿素铜钠和二氧化钛。其中 β-胡萝卜素是用化学方法合成的，在化学结构上与自然界发现的色素完全相同。叶绿素铜钠则是由天然色素叶绿素经一定的化学处理所得的叶绿素衍生物。至于二氧化钛，则是由矿物材料进一步加工制成。

　　近来，由于食用合成色素的安全性问题，各国实际使用的品种数逐渐减少。不过目前各国普遍使用的品种安全性都很好。食用天然色素是来自天然物，且大多是可食资源，利用一定的加工方法所获得的有机着色剂。它们主要是从植物组织中提取而得，也包括来自动物和微生物的一些色素，品种非常多。但它们的色素含量和稳定性等一般不如人工合成品。不过，天然色素给人们的安全感比合成色素高，尤其是对来自水果、蔬菜等食物的天然色素，则更是如此，故食用天然色素近来发展很快，各国许可使用的品种和用量均在不断增加。此外，最近还有人将人工化学合成，在化学结构上与自然界发现的色素完全相同的有机色素如 β-胡萝卜素等归为第三类食用色素，即天然等同的色素（Nature-identical Colours）。

　　我国允许使用的食用天然色素品种有：植物炭黑、蓝锭果红、姜黄、茶黄色素、茶绿色素、多穗柯棕、藻蓝、高粱红、玫瑰茄红、金樱子棕、红米红、红曲米、萝卜红、花生衣红、辣椒橙、辣椒红、柑橘黄、NP 红、天然苋菜红、桑葚红、红曲红、密蒙黄、紫胶红、酸枣色、沙棘黄、紫草红、葡萄皮红、藏花素、栀子蓝、姜黄素、玉米黄、菊花黄浸膏、可可壳色、红花黄、焦糖、黑加仑红、黑豆红、甜菜红、落葵红、橡子壳棕、天然 β-胡萝卜素等。

9. 护色剂(Colour Fixatives)

护色剂又称发色剂,是能与肉及肉制品中呈色物质作用,使之在食品加工、保藏等过程中不致分解、破坏,呈现良好色泽的物质。其发色原理是亚硝酸盐所产生的一氧化氮与肉类中的肌红蛋白和血红蛋白结合,生成鲜艳红色的亚硝基肌红蛋白和亚硝基血红蛋白。硝酸盐则需在食品加工中被细菌还原成亚硝酸盐后再起作用。

亚硝酸盐具有一定毒性,尤其可与胺类物质生成强致癌物亚硝胺,因而人们一直力图选取某种适当的物质取而代之。但由于它除可护色外,尚可防腐,尤其是防止肉毒梭状芽孢杆菌中毒,还具有增强肉制品风味的作用,直到目前为止,尚未见有既能护色又能抑菌,且能增强肉制品风味的替代品。权衡利弊,各国都在保证安全和产品质量的前提下严格控制使用。由于抗坏血酸与 α-生育酚等物质既可促进护色(护色助剂),又可阻抑亚硝胺生成,因而常与护色剂并用。

我国批准许可使用的护色剂为硝酸钠和亚硝酸钠。国外还许可使用硝酸钾和亚硝酸钾。

10. 乳化剂(Emulsifieres)

乳化剂是一种表面活性剂,其分子通常具有亲水基(羟基)和亲油基(烷基),易在水和油的界面形成吸附层,从而改变分散体系中各物相之间的表面活性,形成均匀的分散体或乳化体。它能稳定食品的物埋状态,改进食品组织结构,简化和控制食品加工过程,改善风味、口感、外观,提高食品质量,延长货架寿命等。

乳化剂从来源上可分为天然物和人工合成品两大类。

而按其在水、油两相中所形成的乳化体系性质又可分为水包油（O/W）型和油包水（W/O）型两类。

衡量乳化性能最常用的指标是亲水亲油平衡值（HLB值）。HLB值低表示乳化剂的亲油性强，易形成油包水（W/O）型体系；HLB值高则表示乳化剂的亲水性强，易形成水包油（O/W）型体系。由于HLB值有一定的加和性，因而利用这一特性，可制备出不同HLB值系列的乳液。

食品乳化剂除具有乳化作用外尚有以下功能：

（1）与淀粉结合，防止老化，改善产品质构。

（2）与蛋白质相互作用，增进面团的网络结构，强化面筋网，增强韧性和抗力，使蛋白质具有弹性，增加体积。

（3）防黏及防熔化。食用乳化剂可在糖的晶体外部形成一层保护膜，防止空气及水分侵入，提高制品的防潮性，防止制品变形，同时降低体系的黏度，防止糖果熔化。

（4）增加淀粉与蛋白质的润滑作用，增加挤压淀粉产品流动性而方便操作。

（5）促进液体在液体中的分散，制备W/O乳化体系，改善产品稳定性。

（6）降低液体和固体表面张力，使液体迅速扩散到全部表面，是有效的润滑剂。

（7）改良脂肪晶体。脂肪晶体有多种晶型，其中以β-晶型较为常见与稳定，由于晶体粒子大，熔点高，不适于焙烤产品，容易产生"砂粒"。乳化剂可控制晶体性状大小和生长速度，稳定α-晶型，使之转变成为β-晶型，改善以固体脂肪为基质的产品组织结构，对装饰用人造奶油、冰淇淋、巧克力等效果尤为显著。

(8)稳定气泡和充气作用。内含饱和脂肪酸的乳化剂,对水溶液中的泡沫有稳定作用,可做泡沫稳定剂,使产品形成坚固的气溶胶体,从而提高产品的多孔性,改善品质。

(9)反乳化-消泡作用。在某些加工过程中需要破乳和消泡,含有不饱和脂肪酸的乳化剂具有抑制泡沫的作用,可作为消泡剂用于乳制品加工。

(10)抗腐败保鲜作用。乳化剂有一定的抑菌作用,常以表面涂层的方法用于水果保鲜。

乳化剂在食品加工中用于以下产品:

(1)焙烤及淀粉制品。乳化剂可用于快速发面,增加面筋网,促进充气,提高发泡性,使焙烤食品的结构细密;增大体积,使产品膨松柔软;保持湿度,防止老化,便于加工;延长货架寿命,在糕点中使脂肪均匀分散,防止油脂渗出;改善口感,提高脆性,并能减少蛋的用量。用量一般为0.3%~1%。

(2)冰淇淋。乳化剂可促进乳化、缩短搅拌时间,有利于充气和稳定泡沫,使制品产生微小冰晶和分布均匀的微小气泡,提高比体积,改善热稳定性,从而得到质地干燥、疏松、保形性好而且表面光滑的冰淇淋产品。用量为0.2%~0.5%。

(3)人造奶油。乳化剂可改善油水相容性,将水分充

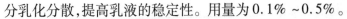

分乳化分散,提高乳液的稳定性。用量为 0.1% ~0.5%。

(4) 巧克力。乳化剂可增加巧克力颗粒间的摩擦力和流动性,降低黏度,促进脂肪分散,防止起霜,同时能够提高产品的热稳定性和表面光滑度。

(5) 糖果。乳化剂使脂肪均匀分散,增加糖膏的流动性,使其易于切开和分离,从而提高生产效率,增进产品质地,降低黏度,改善口感。

(6) 口香糖。乳化剂可提高基料混溶性、均匀性,改善可塑性、脆性,防止生产时的黏着,从而提高生产效率,还能改善香料的乳化和分散性能,增进风味,一般油包水型乳化剂效果更佳。用量为 0.5% ~1%。

(7) 植物蛋白饮料。乳化剂可使油脂稳定不分层,制备稳定的乳液。

(8) 乳化香精。乳化剂可稳定天然香料油的乳化,防止制品中香料的损失。

(9) 其他。乳化剂可在调味品中作为水不溶物的增溶剂与分散剂,在方便食品中能提高速溶性,延长保存期等。

食品乳化剂需求量最大的为脂肪酸单甘油酯,其次是蔗糖酯、山梨醇酯、大豆磷脂、丙二醇脂肪酸酯等。

蔗糖酯由于酯化度可调,HLB 值宽广,既可成为 W/O 型乳化剂,又可成为 O/W 型乳化剂,为当前世界上颇为引人注目的乳化剂。

大豆磷脂是天然产物,它不仅具有极强的乳化作用,且兼有一定的营养价值和医药功能,是值得重视和发展的乳化剂,但在磷脂的提纯以及化学改性方面尚需加强研究。我国所用即为改性大豆磷脂。

山梨醇酯类开发较早,用于食品工业历年耗量约占食品乳化剂总量的 10%。

以甘油酯为主体的系列产品开发应用正处于发展阶段,目前欧美各国甘油酯衍生物的消费量约占甘油酯总消费量的 20%,其中聚甘油酯由于其 HLB 值范围宽,乳化能力强,用量不断增加。食品乳化剂的应用开发现已由单一品种的需求结构趋向于复配型,即生产几种基本乳化剂,再将其复合搭配出许多的品种,发挥其协同效应。我国广泛应用的乳化剂复配产品有面包改良剂、蛋糕发泡剂等。

食品乳化剂是消耗量较大的一类食品添加剂,各国许可使用的品种很多,我国允许使用的食品乳化剂品种有:木糖醇酐单硬脂酸酯、三聚甘油单硬脂酸酯、脂肪酸蔗糖酯、蔗糖酯、乙酸异丁酸蔗糖酯、山梨醇酐三硬脂酸酯、山梨醇酐单硬脂酸酯、山梨醇酐单棕榈酸酯、山梨醇酐单油酸酯、山梨醇酐单月桂酸酯、硬脂酰乳酸钠、酪蛋白酸钠、硬脂酸钾、丙二醇脂肪酸酯、聚氧乙烯木糖醇酐单硬脂酸酯、聚氧乙烯山梨醇酐单硬脂酸酯、聚氧乙烯山梨醇酐单棕榈酸酯、聚氧乙烯山梨醇酐单油酸酯、聚氧乙烯山梨醇酐单月桂酸酯、辛癸酸甘油酯、改性大豆磷脂、六聚甘油单硬脂酸酯、六聚甘油单油酸酯、单硬脂酸甘油酯、松香甘油酯、氢化松香甘油酯、双乙酰酒石酸单(双)甘油酯、硬脂酰乳酸钙、乙酰化单甘油脂肪酸酯等。

11. 酶制剂(Enzyme Preparations)

从生物(包括动物、植物、微生物)中提取的具有生物催化能力的物质,辅以其他成分,用于加速食品加工过程和提高食品产品质量的制品,称为酶制剂。

酶是生物细胞原生质合成的具有高度催化活性的蛋白

质,因其来源于生物体,因此通常被称作"生物催化剂"。又由于酶具有催化的高效性、专一性和作用条件温和等优点,所以越来越得到重视,被广泛应用于食品加工,在提高产品质量、降低成本、节约原料和能源、保护环境等方面产生了巨大的社会效益和经济效益。

利用微生物发酵法生产酶制剂远远优于从动植物脏器中提取酶制剂,现已成为工业用酶制剂的主要生产方法。随着酶制剂在食品发酵工业中的应用,2008 年,全世界酶制剂销售总额已超过 30 亿美元。目前我国酶制剂生产企业约有 100 家,2010 年酶制剂总产量为77.5 万吨。

酶制剂虽来源于生物,但通常使用的不是酶的纯品,制品中的有关组分(包括产酶生物如微生物的某些代谢产物,甚至是有害的物质)有可能在使用时随着食品而被摄入,从而影响人体健康,因此,必须对酶制剂包括生产酶制剂的菌种进行安全评价。

1972 年,FAO/WHO 的食品添加剂专家委员会在日内瓦曾制订"食品添加剂卫生要求规定"。中国发酵工业协会和全国食品工业标准化技术委员会工业发酵标准化分会于 1992 年 9 月提出了《食品工业用酶制剂卫生管理办法》,规范了我国工业用酶制剂的卫生管理,促进了酶制剂质量的提高。

我国已工业化生产的用于食品工业的酶制剂有：α-淀粉酶、高温 α-淀粉酶、β-淀粉酶、异淀粉酶、糖化酶、葡萄糖异构酶、果胶酶、改性蛋白酶、细菌中性蛋白酶、β-葡聚糖酶、木瓜蛋白酶、菠萝蛋白酶等 12 种。

12. 增味剂(Flavour Enhancers)

增味剂或称风味增强剂,是补充或增强食品原有风味的物质。我国历来称为鲜味剂。

据近年的研究报告,鲜味不同于酸、甜、苦、咸 4 种基本味,但也是一种基本味。例如,鲜味的受体不同于酸、甜、苦、咸 4 种基本味的受体,味感也与上述 4 种基本味不同。鲜味不影响任何其他味觉刺激,而只增强其各自的风味特征,从而改进食品的可口性,它也不能由具有上述 4 种基本味的化学品混合而产生。

鲜味剂按其化学性质的不同主要有两类,即氨基酸类和核苷酸类。前者主要是 L-谷氨酸及其钠盐,后者主要是 5′-肌苷酸二钠和 5′-鸟苷酸二钠。据公开数据显示,2014 年世界味精年需求量为 293 万吨,而我国味精年产能高达 262 万吨,2002—2013 年年均复合增长率达 11.1%。5′-核苷酸的鲜味比味精更强,尤其是 5′-肌苷、5′-鸟苷与味精并用,有显著的协同作用,可大大提高味精的鲜味强度(一般增加 10 倍之多),故目前市场上有多种强力味精和新型味精出现,深受人们欢迎。

在氨基酸类鲜味剂中,我国仅许可使用谷氨酸钠一种,国外尚许可使用 L-谷氨酸、L-谷氨酸铵、L-谷氨酸钙、L-谷氨酸钾以及 L-天门冬氨酸钠等。但是,使用最广、用量最多的还是 L-谷氨酸钠。在核苷酸中,5′-黄苷酸和 5′-腺苷酸也有一定的鲜味,其呈味强度仅分别为 5′-肌苷酸钠的 61% 和 18%,故未作为鲜味剂使用。

此外,近年来人们对许多天然鲜味抽提物很感兴趣,并开发了许多鲜味剂品种,如肉类抽取物、酵母抽提物、水解动物蛋白和水解植物蛋白等。将其和谷氨酸钠、5′-肌苷酸钠和5′-鸟苷酸钠等以不同的组合与配比,可制成适合不同食品使用的复合鲜味料。

我国允许使用的鲜味剂品种有:琥珀酸二钠、谷氨酸钠、呈味核苷酸二钠、肌苷酸二钠、鸟苷酸二钠等。

13.　面粉处理剂(Flour Treatment Agents)

面粉处理剂是使面粉增白和提高焙烤制品质量的一类食品添加剂。我国许可使用的过氧化苯甲酰、溴酸钾和偶氮甲酰胺等均有一定的氧化漂白作用,可使面粉增白,而它们还具有一定的熟成作用,如其氧化作用可使面粉中蛋白质的—SH基氧化成—S—S—基,有利于蛋白质网状结构的形成。与此同时,这些物质还可抑制小麦粉中蛋白质分解酶的作用,避免蛋白质分解,借以增强面团弹性、延伸性、持气性,改善面团质构,从而提高焙烤制品的质量。具有还原作用的L-半胱氨酸盐酸盐,除可促进面粉筋蛋白质网状结构的形成、防止老化、提高制品质量外,尚可缩短发酵时间。值得注意的是,溴酸钾尽管有良好的效果,但因近年发现其安全性有问题(有一定的致癌作用),不少国家相继禁用。从今后的发展来看,有必要寻求适当的代用品。我国新近批准许可使用的偶氮甲酰胺,即具有一定的这种意义。目前国际上许可使用的品种还有过氧化丙酮、过氧化钙、过硫酸钾等。碘酸钙、碘酸钾等,亦有应用。为了加强它们使用的安全性和有效性,除应适当开发新品种外,还有必要进一步研究其最佳使用量问题,如溴酸钾不得在最终成品中检出的最佳使用量等。

我国允许使用的面粉处理剂品种有:碳酸钙、偶氮甲酰胺、溴酸钾、碳酸镁、半胱氨酸盐酸盐、过氧化苯甲酰等。

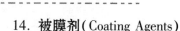

14. 被膜剂(Coating Agents)

在某些食品表面涂布一层薄膜,不仅外表明亮美观,而且可以延长保存期。这些用于食品外表涂抹,起保质、保鲜、上光、防止水分蒸发等作用的物质称为被膜剂。水果表面涂一层薄膜,可以抑制水分蒸发,防止微生物侵入,并形成气调层,因而可延长水果保鲜时间。有些糖果如巧克力等,表面

涂膜后,不仅外观光亮美观,而且还可以防止粘连,保持质量稳定。近来,还有生产厂家在被膜剂中加入某些防腐剂、抗氧化剂等进一步制成复合保鲜剂。

常用的被膜剂有蜂蜡、石蜡、紫胶等,此外还有某些人工合成品,如吗啉脂肪盐等。我国允许使用的被膜剂品种有:白油、紫胶、松香季戊四醇酯、石蜡、吗啉脂肪酸盐果蜡、二甲基聚硅氧烷等。

15. 水分保持剂(Humectants)

水分保持剂是指为有助于维持食品中的水分稳定而加入的物质,多指用于肉类和水产品加工中增强水分稳定性和有较高持水性的磷酸盐类。磷酸盐在肉类制品中可保持肉的持水性,增进结着力,保持肉的营养成分及柔嫩性。提高肉的持水性的机理为:① 提高肉的 pH 值,使其偏离肉蛋白质的等电点(pH 5.5)。② 螯合肉中的金属离子,使肌肉组织中的蛋白质与钙、镁离子螯合。③ 增加肉的离子强度,有利于肌肉蛋白转变为疏松状态。④ 解离肌肉蛋白质中的肌动球蛋白。

除了持水性作用外,磷酸盐还有以下作用:防止啤酒、饮料混浊;用于鸡蛋外壳的清洗,防止鸡蛋因清洗而变质;在蒸煮果蔬时,用以稳定果蔬中的天然色素。使用磷酸盐时,应注意钙、磷比例,一般为1∶1.2较好。

我国允许使用的水分保持剂品种有:磷酸三钠、焦磷酸钠、三聚磷酸钠、六偏磷酸钠、磷酸二氢钠、磷酸二氢钾、磷酸氢二钠、焦磷酸二氢二钠、磷酸氢二钾、磷酸二氢钙等。

16. 营养强化剂(Nutrition Enhancers)

食品营养强化剂是指为增强营养成分而加入食品中的天然的或人工合成的、属于天然营养素范围的食品添加剂。通常营养强化剂分为以下三大类:

A. 氨基酸及含氮化合物类

氨基酸是组成蛋白质的基本结构单位,也是代谢所需其他胺类物质的前身。组成蛋白质的氨基酸有20种,其中大部分在体内可由其他物质合成,但异亮氨酸、亮氨酸、赖氨酸、蛋氨酸、苯丙氨酸、苏氨酸、色氨酸及缬氨酸等8种氨基酸,在体内不能合成,必须由食物供给。机体不能合成的这8种氨基酸称为必需氨基酸。组氨酸原为婴儿所必需,最近报告,组氨酸对成人也是一种必需氨基酸。作为食品强化用的氨基酸主要是这些必需氨基酸或它们的盐类。它们中有的又因为人类膳食中比较缺乏,被称为限制氨基酸,主要是赖氨酸、蛋氨酸、苏氨酸和色氨酸等4种,其中尤以赖氨酸最为重要。

此外,对于婴幼儿尚有必要适当强化牛磺酸。

B. 维生素类

维生素是一类调节人体新陈代谢、维持机体生命和健康必不可少的营养素。它几乎不能在人体内合成,必须从外界不断摄食。当膳食中长期缺乏某种维生素时,就会引起人体代谢失调、生长停滞,甚至进入病理状态。因此,维生素在人体营养上具有重大意义,而维生素强化剂在食品强化中亦占有重要地位。

维生素的种类很多,化学结构差异很大,通常按其溶解性分为两大类:脂溶性维生素和水溶性维生素。

脂溶性维生素包括维生素 A、维生素 D、维生素 E 和维生素 K 四种。人体易于缺乏、需要予以强化的是维生素 A 和维生素 D,近年来认为适当强化维生素 E 也很重要。

水溶性维生素包括维生素 B 复合物和维生素 C,通常需要强化的 B 族维生素主要是维生素 B1(硫胺素)、维生素 B2(核黄素)、维生素 B3(烟酸,烟酰胺)、维生素 B6(包括吡哆醇、吡哆醛和吡哆胺)、维生素 B12(钴胺素)以及维生素 B9(叶酸)等。它们在人体内通过构成辅酶而发挥其对物质代谢的影响。对于婴幼儿还有进一步强化胆碱、肌醇的必要。

维生素 C 又称抗坏血酸,用于食品强化的有 L-抗坏血酸、L-抗坏血酸钠、抗坏血酸棕榈酸酯和维生素 C 磷酸酯镁等。

C. 无机盐类

无机盐亦称矿物质。它是构成人体组织和维持机体正常生理活动所必需的成分。无机盐既不能在机体内合成,除了排出体外之外,也不会在新陈代谢过程中消失。人体每天都有一定量无机盐排出,所以需要从膳食中摄取足够量的各种无机盐来补充。

构成人体的无机元素,按其含量多少,一般可分为大量(或常量)元素和微量(或痕量)元素两类。前者含量较大,通常以百分比计,有钙、磷、钾、钠、硫、氯、镁等 7 种。后者含量甚微,食品中含量通常以 mg/kg 计。目前所知的必需微量元素有 14 种,即 Fe、Zn、Cu、I、Mn、Mo、Co、Se、Cr、Ni、Sn、Si、F 和 V。无机盐不仅是构成机体骨骼支架的成分,而且对维持神经、肌肉的正常生理功能起着十分重要的作用,同时还参与调节体液的渗透压和酸碱度,又是机体多种酶的组成成分,或是某些具有生物活性的大分子物质的组成成分。

　　无机元素在食物中分布很广,一般均能满足机体需要,只有某些种类比较易于缺乏,如钙、铁和碘等。特别是对正在生长发育的婴幼儿和青少年,以及孕妇和哺乳期女性,铁的缺乏较为常见,而碘和硒的缺乏,则依环境条件而异。

　　对不能经常吃到海产食物的山区人民,则易缺碘,某些贫硒地区易缺硒。此外,近年来还认为锌、钾、镁、铜、锰等也有强化的必要。

　　钙是人体含量最丰富的矿物质,其含量约占体重的 1.5%～2%,99% 都集中于骨骼和牙齿中,并且是它们重要的组成成分。其余 1% 存在于软组织和体液中。血液中的

钙作为有机酸盐维持细胞的活力。钙对神经的感应性、肌肉的收缩和血液的凝固等都是必需的，并且它还是机体许多酶系统的激活剂。钙缺乏时可引起骨骼和牙齿疏松，儿童生长停滞（骨骼畸形，如佝偻病），机体抵抗力降低等。用于食品强化的钙盐品种很多，它们不一定要是可溶性的（尽管易溶于水有利吸收），但应是较细的颗粒，摄取时应注意维持适当的钙、磷比例。

食品中植酸等含量高，会影响钙的吸收，而维生素 D 则可促进钙的吸收。

铁是人体内最丰富的微量元素，成年人体内含量约为 3.5～5.0 克。其中，血红蛋白含铁最多，约占总铁量的 65%，肌红蛋白含铁约占 5%，其余铁则以铁蛋白等形式贮存，在机体中参与氧的运转、交换，以及组织呼吸过程。如果铁的携氧能力受阻，或铁的含量不足，则可产生缺铁性或营养性贫血，必须予以补充。用于强化铁元素的铁盐种类很多，一般来说，凡是容易在胃肠道中转变为离子状态的铁，易于吸收，二价铁比三价铁易于吸收。抗坏血酸和肉类可促进铁的吸收，而植酸盐和磷酸盐等则会抑制铁的吸收。铁化合物一般对光不稳定，抗氧化剂可与铁离子反应而着色。因此，凡使用抗氧化剂的食品最好不用铁强化剂。

除了钙盐和铁盐以外，还有锌盐、钾盐、镁盐、铜盐、锰盐以及碘、硒等。它们在人体内含量甚微，但对维持机体的正常生长发育非常重要，缺乏时亦可引起各种不同程度的病症。

上述三类营养成分，在不同的食品中，其分布和含量不同。同时，在食品烹调、加工、保存等过程中，营养素可能会流失。为了使食品保持原有的营养成分，或者为了补充食品中所缺乏的营养素,而向食品中添加一定量的食品营养强化剂,以提高其营养价值,这样的食品称为营养强化食品。

在进行食品的营养强化时,应注意以下各点:

（1）添加的营养素应是大多数人的膳食中的含量低于所需含量的营养素。被强化的食品应是人们大量消费的食品。

（2）食品强化要符合营养学原理,强化剂量要适当,应不致破坏机体营养平衡,更不至于因摄取过量而引起中毒。一般强化量以人体每日推荐膳食供给量的 1/2～1/3 为宜。

（3）营养强化剂在食品加工、保存等过程中,应不易分解、破坏,或转变成其他物质,有较好的稳定性,并且不影响该食品中其他营养成分的含量及食品的色、香、味等感官性状。

（4）营养强化剂应易被机体吸收利用。

（5）营养强化剂应符合我国使用卫生标准和质量规格标准,并应经济合理。

我国允许使用的营养强化剂品种有：硫酸锌、乙酸锌、甘氨酸锌、葡萄糖酸锌、亚硒酸钠、富硒酵母、硒化卡拉胶、葡萄糖酸钾、硫酸锰、葡萄糖酸锰、氯化锰、葡萄糖酸镁、氯化镁、硫酸亚铁、乳酸亚铁、葡萄糖酸亚铁、富马酸亚铁、柠檬酸铁、柠檬酸铁铵、硫酸铜、葡萄糖酸铜、磷酸氢钙、乳酸钙、葡萄糖酸钙、柠檬酸钙、碳酸钙、乙酸钙、生物碳酸钙、活性钙、维生素 K1（植物甲萘醌）、维生素 E（生育酚）、维生素 D3（胆钙化醇）、维生素 D2（麦角钙化醇）、维生素 A（视黄醇）、硝酸硫胺素、盐酸硫胺素、抗坏血酸钠、核黄素、抗坏血酸磷酸酯镁、维生素 B6、烟酰胺、烟酸、肌醇、羟钴胺素盐酸

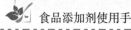

盐、叶酸、氰钴胺素、氯化胆碱、酒石酸氢胆碱、β-胡萝卜素、抗坏血酸棕榈酸酯、抗坏血酸、牛磺酸、L-赖氨酸盐酸盐等。

17. 防腐剂(Preservatives)

为了防止各种加工食品、水果和蔬菜等腐败变质,可以根据具体情况使用物理方法或化学方法来防腐。化学方法是使用化学物质来抑制微生物的生长或杀死这些微生物。这些化学物质即为防腐剂。

防腐剂有广义和狭义之分:狭义的防腐剂主要指山梨酸、苯甲酸等直接加入食品中的化学物质;广义的防腐剂除包括狭义防腐剂所指的化学物质外,还包括那些通常认为是调料而具有防腐作用的物质,如食盐、醋等,以及那些通常不直接加入食品,而在食品贮藏过程中应用的消毒剂和防霉剂等。作为食品添加剂应用的防腐剂是指为防止食品腐败、变质,延长食品保存期,抑制食品中微生物繁殖的物质。但食品中具有同样作用的调味品如食盐、糖、醋、香辛料等不包括在内。用于食品容器具消毒杀菌的消毒剂亦不在此列。

国外用于食品的防腐剂,美国约有 50 种,日本有 40

种。我国允许使用的防腐剂为28种。

为了更好地防止食品腐败变质,除了应选择适当的防腐剂外,还应注意发挥综合的食品防腐作用,诸如食品的加工工艺、包装材料及其功能作用,以及食品的贮藏、运输、销售条件等。而重要的则是不断发展和应用更为安全、有效和经济的防腐剂品种。一方面,由于科学技术的发展,特别是分析检测方法的进步,人们认识到过去使用的某些防腐剂,如硼砂、甲醛、水杨酸和焦碳酸二乙酯等,在对食品防腐的同时还会对人体带来一定的危害,因而这些物质被相继禁用。另一方面,某些新的防腐剂,如乳酸链球菌肽(Nisin)等,由于其安全性更高且防腐效果较好而被人们进一步扩大使用。与此同时,人们还在不断寻求发展新的更好的品种。

在实际应用时,由于微生物的多样性和防腐剂作用的特点,目前,人们正致力于加强复配技术的开发和应用。这既包括不同防腐剂之间的配合,又包括防腐剂与抗氧化剂等其他食品添加剂之间的复配技术,与此同时还研制出不同的制剂与剂型以满足不同的需要。

我国允许使用的防腐剂品种有:溶菌酶、噻苯咪唑、山梨酸、丙酸钠、苯基苯酚钠盐、双乙酸钠、苯甲酸钠、对-羟基苯甲酸丙酯、山梨酸钾、邻-苯基苯酚、乳酸链球菌素、过氧化氢、五碳双缩醛、对-羟基苯甲酸乙酯、乙氧基喹、二氯苯氧乙酸、脱氢乙酸、桂醛、二氧化氯(稳定态二氧化氯)、二氧化碳、丙酸钙、仲丁胺、十二烷基二甲基溴化铵、苯甲酸。

18. 稳定剂和凝固剂(Stabilizers and Coagulators)

稳定剂和凝固剂是使食品结构稳定或使食品组织结构不变的一类食品添加剂。常见的有各种钙盐,如氯化钙、乳酸钙、柠檬酸钙等。它能使可溶性果胶成为凝胶状不溶性果胶酸钙,以保持果蔬加工制品的脆度和硬度,用低酯果胶可制造低糖果冻等。在豆腐生产中,则用盐卤、硫酸钙、葡萄糖酸-δ-内酯等蛋白凝固剂以达到固化的目的。另外金属离子螯合剂能与金属离子在其分子内形成内环,使金属离子成为此环的一部分,从而形成稳定而能溶解的复合物,消除了金属离子的有害作用,从而提高食品的质量和稳定性。最典型的稳定剂即为乙二胺四乙酸二钠。

我国允许使用的稳定剂和凝固剂品种有:天门冬氨酸、丙二醇、氯化镁、不溶性聚乙烯聚吡咯烷酮、葡萄糖酸-δ-内酯、柠檬酸亚锡二钠、硫酸钙、乙二胺四乙酸二钠、氯化钙等。

19. 甜味剂(Sweeteners)

甜味剂是指赋予食品以甜味的食品添加剂。目前世界上使用的甜味剂近20种,有几种不同的分类方法:按其来源可分为天然甜味剂和人工合成甜味剂;按其营养价值可分为营养性甜味剂和非营养性甜味剂;按其化学结构和性质可分为糖类甜味剂和非糖类甜味剂。

在甜味剂中,蔗糖、果糖和淀粉糖通常视为食品原料,习惯上统称为糖,在我国不作为食品添加剂。糖醇类的甜度与蔗糖差不多,或因其热值较低,或因其和葡萄糖有不同的代谢过程,而有某些特殊的用途,一般被列为食品添加剂(甜味剂)。非糖类甜味剂的甜度很高,用量极少,热值很小,有些又不参与代谢过程,常称为非营养性或低热值甜味剂,是甜味剂的重要品种。

理想的甜味剂应具备以下五个特点:

(1) 很高的安全性。

（2）良好的味觉。

（3）较高的稳定性。

（4）较好的水溶性。

（5）较低的价格。

吃糖过多所造成的危害已为人们所认识,因而人们对甜味剂的研究一直非常活跃,当前已有一系列应用前景良好的甜味剂问世,有些品种如三氯蔗糖等已在一些国家被批准使用。我国对甜味剂的研究与开发也在蓬勃地发展,预计将来还会有新的甜味剂得到应用。

我国允许使用的甜味剂品种有：木糖醇、甜菊糖、糖精钠、环己基氨基磺酸钠、山梨糖醇（液）、甘草酸一钾、甘草酸三钾、麦芽糖醇、异麦芽酮糖醇、甘草、天门冬氨酸、天门冬酰苯氨酸甲酯、甘草酸铵、乙酰磺胺酸钾等。

20. 增稠剂（Thickeners）

增稠剂是一类亲水性的高分子化合物,能形成凝胶或提高食品黏度,故亦称凝胶剂、胶凝剂或乳化稳定剂。

增稠剂可以改善食品的物理性质,增加食品的黏度,赋予食品黏润、适宜的口感,并兼有乳化、稳定或使呈悬浮状态的作用。增稠剂在淀粉食品中有防老化作用;在冰淇淋等食品中有防止冰晶生产的作用;在饮料、调味品和乳化香精中具乳化稳定作用;在啤酒中有稳定泡沫的作用。增稠剂按其来源可分为天然增稠剂和化学合成（包括半合成）增稠剂两大类。天然来源的增稠剂大多数是由植物、海藻或微生物提取的多糖类物质,如阿拉伯胶、卡拉胶、果胶、琼胶、海藻酸类、罗望子胶、甲壳素、黄蜀葵胶、亚麻籽胶、田菁胶、瓜尔胶、槐豆胶和黄原胶等。合成或半合成增稠剂有羧甲基纤维素钠、海藻酸丙二醇酯,以及近年来发展较快、种类繁多的变性淀粉,如羧甲基淀粉钠、羟丙基淀粉醚、淀粉磷酸酯钠、乙酰基二淀粉磷酸脂、磷酸化二淀粉磷酸酯、羟丙基二淀粉磷酸酯等。

我国增稠剂的生产开发近来发展很快,但还处于初级阶段,从品种到质量,从应用的深度到广度,都还有进一步发展的巨大潜力。

我国允许使用的增稠剂品种有:羟丙基二淀粉磷酸酯、环状糊精、芳樟醇(单离)、乙酸香叶酯、甲基乙酸乙酯、二甲基苄基原醇、丁酮、黄原胶、罗望子多糖胶、淀粉磷酸酯钠、羧甲基淀粉钠、羧甲基纤维素钠、海藻酸钠、田菁胶、海藻酸丙二醇酯、海藻酸钾、聚葡萄糖、磷酸化二淀粉磷酸酯、果胶、槐豆胶、亚麻子胶、羟丙基淀粉醚、瓜尔胶、明胶、甲壳素、卡拉胶、阿拉伯胶、琼脂、乙酰化二淀粉磷酸酯、黄蜀葵胶。常见的增稠剂有:明胶、酪蛋白酸钠、琼脂、果胶、阿拉伯胶、罗望子多糖胶、田菁胶、海藻酸钠等等,在冷饮、糖果、凝胶食品、乳制品、肉制品、烧烤食品、调味品、保健品、中西餐料等当中经常使用。

21. 食品香料(Food Spices)

食品香料是指能够用于调配食品香精,并使食品增香的物质。它不但能够增进食欲,有利消化吸收,而且对增加

食品的花色品种和提高食品质量具有很重要的作用。

食品香料按其来源和制造方法等的不同,通常分为天然香料、天然等同香

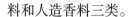

料和人造香料三类。

（1）天然香料是用纯粹物理方法从天然芳香植物或动物原料中分离得到的物质，包括精油、酊剂、浸膏、净油和辛香料油树脂等，通常认为它们安全性高。

（2）天然等同香料是用合成方法得到或由天然芳香原料经化学过程分离得到的物质。这些物质与供人类消费的天然香料产品（不管是否加工过）中存在的物质，在化学结构上是相同的。这类香料品种很多，占食品香料的大多数，对调配食品香精十分重要。

（3）人造香料是在供人类消费的天然香料产品（不管是否加工过）中尚未发现的香味物质。此类香料品种较少，它们是用化学合成方法制成的，且其化学结构迄今在自然界中尚未发现存在。基于此，这类香料的安全性引起人们极大关注。在我国，凡列入 GB/T 14156—1993《食品用香料和编码》中的各类香料，均经过一定的毒理学评价，并被认为对人体无害（在一定的剂量条件下）。其中除了经过充分毒理学评价的个别品种外，目前均列为暂时许可使用。但是，值得注意的是，随着科学技术和人们认识的不断深入发展，有些原属人造香料的品种，在天然食品中发现有所存在，因而可以改列为天然等同香料。例如我国许可使用的人造香料己酸烯丙酯，国际上现已将其改列为天然等同香料。

食品香料是一类特殊的食品添加剂，其品种多、用量小，大多存在于天然食品中。由于其本身强烈的香气和口感，在食品中的用量常受到限制。目前世界上所使用的食品香料品种近 2 000 种。我国已经批准使用的品种在 1 000 种左右。

我国允许使用的食用香料品种有：杨梅醛、羟基香茅醛、乙基香兰素、乙酸二甲基苄基原酯、丁酰乳酸丁酯、己酸烯丙酯、乙酸松油酯、α-松油醇、洋茉莉醛、苯乙醇、苯乙醛、甲基香豆素、乙基麦芽酚、兔耳草醛、α-戊基肉桂醛、环己基丙酸烯丙酯、香兰素、麝香草酚、覆盆子酮、苯乙酸、桃醛、辛醛、壬内酯、水杨酸甲酯、苯乙酸甲酯、甲基丁香酚、甲基环戊烯醇酮甲基环戊烯醇酮、甲基丁酸、邻氨基苯甲酸甲酯、乙酸薄荷酯、乙酸异戊酯、β-紫罗兰酮、α-紫罗兰酮、己基肉桂醛、己醛、反式-2-己烯醛、香叶醇、丁香酚、十二酸乙酯、异戊酸乙酯、癸酸乙酯、甲基邻氨基苯甲酸甲酯、丙酸乙酯、辛酸乙酯、壬酸乙酯、乳酸乙酯、己酸乙酯、庚酸乙酯、乙基愈创木酚、丁酸乙酯、乙酸乙酯、丁二酮、香茅醇、柠檬醛、肉桂醛、桉叶素、香芹酮。

22. 其他(Others)

我国允许使用的其他食品添加剂品种有：蔗糖聚氧丙烯醚、氯苯氧乙酸钠、高锰酸钾、氯化钾、月桂酸、异构化乳糖液、固化单宁、咖啡因、苄基腺嘌呤、凹凸棒黏土等。

新闻回放

中国国家食品药品监管总局确定把婴幼儿配方乳粉、婴幼儿配方食品、乳制品、肉制品、白酒、饮料、食用植物油、食品添加剂等8类食品作为2014年生产加工环节食品监管的重点品种。这是记者28日从食品药品监管总局获悉的。

食品药品监管总局要求,各地在此基础上,结合地方实际和区域特色食品特点,确定本地区需要重点治理的食品品种,深入分析存在的突出问题及其原因,扎实做好重点食品安全监管和专项整治工作,有效防范安全风险,着力消除各类隐患,切实守住不发生区域性、系统性食品安全问题的底线。

食品药品监管总局表示,要综合运用行政许可、监督检查、监督抽检、风险监测、行政执法等手段,督促企业落实主体责任,从原辅料采购、过程控制、检验检测、出厂放行等各个环节入手,改进企业生产条件,切实从源头上保障食品安全。

针对抽检,食品药品监管总局要求以白酒中塑化剂、含油脂类食品中塑化剂、植物油中苯并芘、乳制品中三聚氰胺,以及食品中重金属、农药残留量、食品添加剂等危及人体健康安全的关键指标为重点,依法组织开展重点食品的国家和省级监督抽检。

引自:新华网 2014-04-28
《中国确定婴幼儿配方乳粉等8类食品为今年监管重点品种》

哪些属于非法添加物

　　非法添加物和食品添加剂完全是两个概念,常见的非法添加物的应用有两类:一是把严禁在食品中使用的化工原料当成食品添加剂来使用,如三聚氰胺;二是用工业级的添加剂来代替食品级的添加剂,如面制品中使用的碳酸氢钠,此举往往是为了降低成本。2008 年 12 月九部委联合公布的"17 种非法添加的非食品类添加物",如吊白块(用于面粉、粉丝增白防腐)、苏丹红(用于辣椒粉着色)、蛋白精(即三聚氰胺,用于虚假提高乳及乳制品蛋白含量)、美术绿(即铅铬绿,用于茶叶着色)、工业硫黄(用于蜜饯、银耳防腐和增白)、罂粟壳(用于火锅底料)等,加入到食品中会对人体产生严重危害。为严厉打击食品生产经营中违法添加非食用物质、滥用食品添加剂以及饮料、水产养殖中使用违禁药物,卫生部、农业部等部门根据风险监测和监督检查中发现的问题,不断更新非法使用物质名单,截至 2011 年 04 月,已公布 151 种食品和饮料中非法添加物名单,包括 47 种可能在食品中"违法添加的非食用物质"、22 种"易滥用食品添加剂"和 82 种"禁止在饲料、动物饮用水和畜禽水产养殖过程中使用的药物和物质"的名单。凡是将不能作为食品添加剂的物质添加到食品中,或者对在我国的有关规定中允许使用的食品添加剂超范围使用,均属于违禁使用食品添加剂。比较常见的违禁使用的非法食品添加剂主要有:

一、亚硝酸盐

亚硝酸盐是一类无机化合物的总称,主要指亚硝酸钠。亚硝酸钠为白色或淡黄色粉末或颗粒,味微咸,易溶于水。外观及滋味都与食盐相似,并在工业、建筑业中广为使用,肉类制品中也允许作为发色剂限量使用。

亚硝酸盐具有防腐性,可与肉品中的肌红素结合而使其更稳定,所以常在食品加工业中被添加在香肠和腊肉中作为保色剂,以维持良好外观;其次,它可以防止肉毒梭状芽孢杆菌的产生,提高食用肉制品的安全性。硝酸盐与亚硝酸盐主要用来腌制或熏制肉类食品,但不能用于加工熟食肉制品,更不能直接用于肉制品的烧制。

由亚硝酸盐引起食物中毒的几率较高。食入 0.3~0.5 克的亚硝酸盐即可引起中毒甚至死亡。亚硝酸盐类食物中毒又称肠原性青紫病、紫绀症、乌嘴病。人体吸收过量亚硝酸盐,会影响红细胞的运作,令血液不能运送氧气,口唇、指尖会变成蓝色,即俗称的"蓝血病",严重时会使脑部缺氧,甚至死亡。亚硝酸盐本身并不致癌,但在烹调或其他条件下,肉品内的亚硝酸盐可与氨基酸发生降解反应,生成有强致癌性的亚硝胺。亚硝酸盐中毒发病急速,一般潜伏期 1~3 小时,中毒的主要特点是由于组织缺氧引起的紫绀现象,如口唇、舌尖、指尖青紫,重者眼结膜、面部及全身皮肤青紫,另外,还会伴有头晕、头疼、乏力、心跳加速、嗜睡或烦躁、呼吸困难、恶心、呕吐、腹痛、腹泻,严重者昏迷、惊厥、大小便失禁,可因呼吸衰竭而死亡。

二、吊白块

吊白块又称吊白粉或雕白块(粉),化学名称为二水合次硫酸氢钠甲醛或二水甲醛合次硫酸氢钠,为半透明白色结晶粉末或小块,易溶于水。吊白块在高温下具有极强的还原性,有漂白作用,遇酸即分解,其水溶液在 60℃ 以上就开始分解为有害物质,120℃ 条件下分解为甲醛、二氧化碳和硫化氢等有毒气体,这些有毒气体可使人头痛、乏力、食欲差,严重时甚至可致鼻咽癌等。吊白块主要在印染工业中用作棉布、人造丝、短纤维织物等的拔染剂、还原剂;制备合成树脂和合成橡胶时用作氧化还原催化剂;也用作解毒剂、糖类漂白剂、除垢剂、洗涤剂以及用于制备靛蓝染料、还原染料等。

吊白块绝不能用于食物的熏蒸或直接添加于食品中。人食用吊白块漂白过的白糖、单晶冰糖、粉丝、米线（粉）、面粉、腐竹等食品后,吊白块进入人体,对细胞有原浆毒作用,可能对机体的某些酶系统有损害,引起过敏、肠道刺激等不良反应,严重者可产生中毒,造成肾脏、肝脏受损等。中毒以呼吸系统及消化道损伤为主要特征。人经口摄入纯吊白块10克就会中毒致死。吊白块也是致癌物质之一。

吊白块被一些不法厂商用作增白剂在食品加工中添加,使一些食品如米粉、面粉、粉丝、银耳、面食品及豆制品等色泽变白,有的还能增强食品韧性,使其不易腐烂变质。尽管吊白块有增白作用,但由于其危害人体健康,所以我国禁止在食品中添加吊白块。

三、甲　醛

甲醛是一种无色、有强烈刺激性气味的气体。易溶于水、醇和醚。甲醛在常温下是气态,通常以水溶液形式出现。甲醛易溶于水和乙醇,35% ~ 40%的甲醛水溶液叫作福尔马林。甲醛对人体健康的危害主要有以下三个方面:

1.刺激作用

甲醛的主要危害表现为对皮肤黏膜的刺激作用。甲醛是原浆毒物质,能与蛋白质结合,高浓度吸入时人体会出现严重的呼吸道刺激和水肿、眼刺激、头痛,也可发生支气管哮喘。

2. 致敏作用

皮肤直接接触甲醛可引起过敏性皮炎、色斑、坏死,经常吸入少量甲醛,会引起慢性中毒,出现黏膜充血、皮肤刺激征、过敏性皮炎、指甲角化和脆弱、甲床指端疼痛等。

3. 致突变作用

高浓度甲醛还是一种基因毒性物质。孕妇长期吸入可能导致新生婴儿畸形,甚至死亡,男子长期吸入可导致精子畸形、死亡等。

如此说来,甲醛这个"宠物",很像是一条没驯好的"恶犬"。一旦失控,是会严重伤人的。最可恨的是一些无良商贩,竟将用于工业的甲醛"移植"到食品领域,发海参、为蔬菜"保鲜",简直可以称之为"草菅人命"。

不法商贩常将甲醛用于加工、保存水发制品,如鱿鱼、牛百叶、鸭肠等水发食品和水产品,最容易成为添加甲醛的对象。用甲醛处理水发产品如鱿鱼,能使重量翻倍。海参、鱼翅、粉丝、竹笋、干制食用菌、肉干、鱼干等干制品,以及豆制品、各种面制品等都曾被曝出用甲醛加工的事件。另外,山药、蘑菇等蔬菜也被曝出使用甲醛溶液喷洒和浸泡。添加甲醛后蔬菜不易腐烂,而且颜色光鲜亮丽。虽然甲醛可以使海产品、水发制品色泽鲜艳,但是它是国家明文规定的禁止在食品中使用的添加剂。

四、罂粟壳

　　罂粟壳是罂粟科植物罂粟的干燥果壳,又称米壳、御米壳、粟壳、鸦片烟果果、大烟葫芦、烟斗斗等,呈椭球形或瓶状卵形,外表面呈黄白色、浅棕色或淡紫色,气味清香,略苦,可入药。罂粟壳中含有吗啡、可待因、蒂巴因、那可汀等鸦片中所含有的成分,虽含量较鸦片小,但久服亦有成瘾性。因此,罂粟壳被列入麻醉药品管理的范围予以管制。罂粟壳由于能改善口感,使食用者成瘾,常被用于卤料或者火锅配料,这也是不允许的违法行为。

　　罂粟壳中的生物碱虽然含量较少,对吸毒者不起作用,但对于绝大多数从未接触过毒品并对毒品有高度敏感性的人来说,其"功力"不可低估。罂粟壳的毒性主要为所含吗啡、可待因、罂粟碱等成分所致。吗啡对呼吸中枢有抑制作用,可通过胎盘及乳汁引起新生儿窒息;能使颅内压升高。其慢性中毒症状主要为成瘾。具体中毒症状为:初起见烦躁不安、谵妄、呕吐、全身乏力等,继而头晕、嗜睡,脉搏开始快,逐渐变为慢而弱,瞳孔极度缩小可如针尖大,呼吸浅表而不规则,可慢至每分钟 2~4 次,伴紫绀;可能出现肺水肿、体温下降、血压下降、肌肉松弛等。最后呼吸中枢麻痹而死亡。慢性中毒时可见厌食、便秘、早衰、阳痿、消瘦、贫血等症状,但不影响工作能力和记忆力。

如果长期食用添加了罂粟壳的食物,就会出现发冷、出虚汗、乏力、面黄肌瘦、犯困等症状,严重时可能对神经系统、消化系统造成损害,甚至会出现内分泌失调等症状。罂粟壳中的生物碱能使人体产生快感,处于一种特殊的愉悦状态,并逐渐产生依赖性进而成瘾,对人体肝脏、心脏产生毒害。至于食用多少次会上瘾,这要根据火锅中添加的罂粟壳含量而定,目前还没有这方面的科学实验。不法分子正是利用这一点招揽回头客,食客吃了这种食品,开始是"吃了还想吃","一吃忘不了",产生依赖性后,"不吃也得吃"。

五、苏丹红

苏丹红是一种化学染色剂,并非食品添加剂。它的化学成分中含有一种叫萘的化合物,该物质具有偶氮结构,这种化学结构的性质决定了它具有致癌性,对人体的肝、肾器官具有明显的毒性作用。苏丹红属于化工染色剂,主要是用于石油、机油和其他的一些工业溶剂中,目的是使其增色,也用于鞋、地板等的增光,又名"苏丹"。由于苏丹红是一种人工合成的工业染料,1995 年欧盟成员国和其他一些国家已禁止其作为色素在食品中进行添加。我国对于食品添加剂有着严格的审批制度，从未批准将"苏丹红"染剂用于食品生产。但由于其染色鲜艳，印度等一些国家在加工辣椒粉的过程中还容许添加苏丹红。

苏丹红有Ⅰ、Ⅱ、Ⅲ、Ⅳ号四种，毒理学研究表明，苏丹红具有致突变性和致癌性，苏丹红（Ⅰ号）在人类肝细胞研究中显现可能致癌的特性，在我国禁止使用于食品中。进入体内的苏丹红主要通过胃肠道微生物还原酶、肝和肝外组织微粒体和细胞质的还原酶进行代谢，在体内代谢成相应的胺类物质。在多项体外致突变试验和动物致癌试验中发现苏丹红的致突变性和致癌性与代谢生成的胺类物质有关。

六、蛋白精（三聚氰胺）

"蛋白精"学名三聚氰胺，是一种有机化工原料，是用尿素和甲醛经加热合成，目前是重要的尿素后加工产品，主要用于生产三聚氰胺-甲醛树脂，广泛用于木材加工、塑料、涂料、造纸、纺织、皮革、电气、医药等行业，其改性树脂可做色泽鲜艳、耐久、硬度好的金属涂料。其还可用于制作坚固、耐热的装饰薄板，防潮纸及灰色皮革鞣皮剂，合成防火层板的黏接剂，防水剂的固定剂或硬化剂等。其最大的特点是含氮量很高（达66%），价格低。

"蛋白精"多为白色粉末，易被染色，很容易混入原料中而不被发现。在饲料中，每增加1个百分点的"蛋白精"，会使得用凯式定氮方法测定的表观粗蛋白质虚涨4个以上百分点，而这种方法只能测出含氮量却无法测出氮的来源,这就给一些不法商人以可乘之机,在饲料中加入"蛋白精"等非法添加物冒充粗蛋白质,谋取不正当利益。所以消费者如果在不知情的情况下使用了含有"蛋白精"的蛋白类原料,就会成为受害者。"蛋白精"添加剂加到饲料中,由于其本身没有任何营养价值,因而无法替代蛋白质。有关研究表明,动物食用含有较高浓度"蛋白精"的饲料后会发生肾衰并导致死亡。

三聚氰胺是怎么加到牛奶中的呢?有两种可能途径。一种是奶站将三聚氰胺加到原奶中。这样做有一定的局限,因为三聚氰胺微溶于水,常温下溶解度为 3.1 克/升。也就是说,100 毫升水可以溶解 0.31 克三聚氰胺,含氮 0.2克,相当于 1.27 克蛋白质,由此可以算出,要达到 100 毫升牛奶中含有 2.95 克以上蛋白质的要求,100 毫升牛奶最多只能兑 75 毫升水(并加入 0.54 克三聚氰胺)。另一种途径是在奶粉制造过程中加入三聚氰胺,这就不受溶解度限制了,想加多少都可以。

三聚氰胺在国内之所以被当成了"蛋白精"来用,可能是因为不法商家觉得它毒性很低,吃不死人。大鼠口服三聚氰胺,半致死量(毒理学常用指标,指能导致一半的实验对象死亡的用量)大约为每千克体重3克,和食盐相当。大剂量喂食大鼠、兔、狗也未观察到明显的中毒现象。三聚氰胺进入动物体内后似乎不能被代谢,而是从尿液中原样排出,但是,动物实验也表明,长期喂食三聚氰胺会出现以三聚氰胺为主要成分的肾结石、膀胱结石,并诱发膀胱癌。

七、美术绿

"美术绿"是用两种名叫"铅铬黄"和"锡利翠蓝"的颜料合成的绿色颜料,也称"铅铬绿""翠铬绿"或"油漆绿",外观色泽鲜艳,主要用于彩色环氧地坪、彩色水泥地坪、彩色沥青、油墨、玩具、纸品、木器家具、墙体装饰、文教用品和高温涂料、彩色水泥、便道砖、建材涂料、油漆、塑料等工业,它是一种工业颜料。茶叶中如果掺入铅铬绿,铅、铬等重金属会严重超标,可对人的中枢神经、肝、肾等器官造成极大损害,并会引发多种病变。

根据绿茶制作的国家标准,茶叶不得着色,不得添加任何非茶类物质,当然也绝对不允许添加色素,然而有一些不法商家为了提高价格,不惜牺牲消费者的健康,通过对质级较次的茶叶添加色素改善茶叶的卖相。色素中的重金属对人体的神经系统有毒害作用,还有某些有机成分则会对人体的血液功能造成危害。

一种添加了工业色素"铅铬绿"的假碧螺春,其重金属铅含量超标60倍(国标规定每千克茶叶里面铅的含量不能超过2毫克)。如果用10克这样的茶叶泡茶水,人体通过茶水就会摄入150微克的铅,而根据2000年卫生部组织开展的中国总膳食研究,正常情况下,每个成年男子一天摄入铅的水平应该小于82.5微克,可见这种毒茶叶的危害是多么严重。除了铅之外,"铅铬绿"中的铬也是危害极大的重金属。长期饮用这样的茶水,会造成人体肝脏或肾脏的损害,或者胃肠道、造血器官的损害。

　　碧螺春染色并非特例,有业内人士称,在茶叶市场中存在着多种用来给茶叶"美容"的添加剂,例如以绿为美的茶叶加"铅铬绿""叶绿素""铁粉""催芽剂"等,可以使茶叶的颜色变绿,提高茶叶的色泽度;以白为美的茶叶,例如针螺,添加滑石粉,可以增加茶叶的白度,还能增重;以苦闻名的苦丁茶中加入柳树叶、猪苦胆汁和香精,可以增加苦味,还能增加茶叶的黏度……这些被美容的茶叶通常都质级较次。

　　美术绿让陈茶"变"新茶。按照技术专家的说法,讲究"色、香、味"的茶叶造假相对较难,然而有些毒茶叶的"技术含量"非常高,即使是经验丰富的品茶师,如果不用对比的方法而单看毒茶叶本身,要看出问题都相当困难。

　　此外,常见的非法添加物还有王金黄(块黄)、硼酸与硼砂、硫氰酸钠、玫瑰红B、碱性嫩黄、酸性橙、工业用火碱、一氧化碳、硫化钠、工业硫黄等。

新闻回放

6月14日，中国科学技术协会举办主题为"关注食品安全，科普服务百姓"的"科学家与媒体面对面"活动。针对目前网络上热传的"含添加剂最多的零食排行榜"呼吁大家远离食品添加剂的观点，中国工程院院士孙宝国说，每个人的生活早已离不开食品添加剂，即使在家做饭不用味精等佐料，基本的油、盐、酱油、醋等调味品也含有多种食品添加剂。

中国农业大学食品学院院长罗云波表示，近年很多食品安全事件，其实至少有一半并不能归罪于食品添加剂，而是一些非法添加，比如三聚氰胺、苏丹红之类，它们本身就不属于食品添加剂。也就是说，在近年来公众关注的诸多食品安全事件中，有不少看似与食品添加剂有关的食品事件，其实是非法添加的问题，造成食品安全问题和隐患的元凶并非食品添加剂，而是非法添加到食品中的工业原料等非食用物质。

引自：《新京报》2014－06－17
《生活离不开食品添加剂 食品安全事件多为非法添加所致》

第七章

怎样防控非法食品添加剂的危害

　　食品安全直接关系人的身体健康,人人关心,"燃点"很低。食品对我们每个人而言,就像是阳光、空气与水一样,是生存的必需品,一刻都缺少不得。食品安全出了问题,必然会产生许多直接或间接的危害。其一是对人民群众生命安全的危害,它直接影响着每个人的身体健康,这也是最严重的危害。其二是对经济和民生的冲击。如三鹿事件后,全行业减产停产,数万名职工下岗,240多万户奶农杀牛、倒奶,大量城乡居民的就业、收入受到影响。2009年我国乳制品进口从2008年的35万吨猛增到59.7万吨。国产奶业元气大伤,至今尚未完全恢复。此后,某品牌进口奶粉一年之内三次涨价,每次涨幅在10%至15%,广大消费者也为此付出了很大代价。其三是对政府公信力和国家形象的影响。食品安全水平是一面镜子,它所"照"出的是一个国家的形象,也同样可以"照"出一个国家的国民素质。接连发生食品安全事件,大大影响了群众消费信心,严重冲击社会诚信道德体系,甚至影响了政府的公信力。一些食品安全事件还涉及境外,对我国形象及外贸出口造成不利影响。

　　我们应该清醒地认识到,和群众的期待相比,和发达国家的水平相比,当前我国食品安全状况和水平还存在着差距。要彻底解决食品安全问题,我们必须推倒横在面前的"四座大山":一是当前我国的食品产业发展很快,但门槛较低、分布远散、规模不大的状况短期内难以完全改变,严重制约食品安全水平的提高。别的国家在相当长时期内依次遇到、逐步解决的诸多问题,近年来在我国集中显现出来。二是食品行业的从业人员素质参差不齐,企业主体责任落实不够,行业诚信道德体系建设还很滞后。食品行业市场竞争异常激烈,无序竞争、恶意竞争现象比较普遍,许多企业特别是小作坊等安全投入不足、管理能力薄弱,少数从业人员道德缺失、不讲诚信的问题还比较突出。三是相对于食品产业的高速发展和食品消费结构的快速转变,我国在食品安全监管体制机制、法规标准、风险监测、人才队伍、技术装备以及企业投入、管理能力等方面,都还存在薄弱环节,各类食品安全事件仍时有发生。四是食品安全违法犯罪成本不高,惩戒威慑力度不够大。

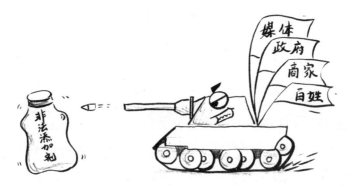

　　食品安全既然与公众的生命、国家的发展有如此重大关系,那么,怎么才能扭转目前在这一问题上的严峻局面

呢？事实上，维护食品安全是一项多维立体，需全员协力、全维聚力的系统工程，无论是广大商家还是政府部门，无论是广大消费者还是新闻媒体，在维护食品安全方面都扮演着重要角色，承担着重要责任。套用军事上的术语，那就是必须先来一套"组合拳"，再来一轮"攻坚战"，同时再打一场"持久战"。也就是说，我们解决食品安全问题，不可能毕其功于一役，需要一段较长时间。所谓"组合拳"，即是要商家、政府、百姓、媒体齐上阵，共同向食品安全问题"开炮"；所谓"攻坚战"，就是要重拳出击、重典治乱，让犯罪者承担应有的刑事责任，使不法分子付出高昂代价，使其不敢以身试法；所谓"持久战"，就是要构建诚信机制，完善规章制度，落实有效监管，建强执法队伍，这需要循序渐进、积极稳妥地逐步解决。

1. 企业诚信、行业自律是基础

很多企业由弱变强、从小到大、蓬勃发展的成功经验表明，诚信就是资本，就是效益。无诚不成商，企业没有诚信，

原材料供应商就不会源源不断地给他提供价廉物美的材料；企业没有诚信，给其直接带来利润的经销商就不会忠心耿耿地为其销售产品；企业没有诚信，广阔的市场就会拒绝其融入；企业没有诚信，创造价值的人才就会大量流

失。总之,诚信是合作的基础,信誉是发展的根基。讲诚信、守信誉的企业才能受到同行和消费者的尊重。因此,要严格落实生产经营者主体责任,引导食品生产经营者建立企业诚信、行业自律的先进理念,让其"不愿犯法、不敢犯法、不能犯法、犯不起法"。三鹿、双汇等知名企业出现食品安全问题,染色馒头堂而皇之地进入知名连锁超市,这些事件进一步敲响了警钟,凸显了落实生产经营者主体责任的重要性。

真正安全放心的食品,是生产加工出来的。因此,不仅要加强监管检测,更重要的是严格落实生产经营者主体责任,做到企业讲诚信、行业要自律,这是食品安全的基石。在这方面,还面临着一些比较突出的问题,如企业规模小而散、安全投入不足、管理能力薄弱、诚信意识不强等,少数企业甚至故意规避监管,违法犯罪。要解决这些问题,一方面,要在完善监管体制机制、落实监管部门责任、提高监测检验能力等方面下功夫。另一方面,要着力完善促进企业加大安全投入的政策和机制,督促企业全面落实相关制度、标准和规范,严格市场准入,健全诚信道德体系,确保生产经营者的食品安全管理水平持续达标;强化源头治理,促进食品产业优化升级,扶持优质企业,淘汰劣质企业,大力发展农产品基地化生产、场区化养殖,夯实食品安全基础。同时,要切实抓好对食品生产经营者的宣传教育,增强他们的诚信守法经营意识和质量安全管理能力。要进一步加大对食品安全违法犯罪的打击力度,大幅度提高不法分子的违法犯罪成本。总之,要从自律、监管、政策、法制、宣教等多方面着手,使食品生产经营者"不愿犯法、不敢犯法、不能犯法、犯不起法",从根本上扭转食品安全基础薄弱的局面。

2. 奖优罚劣、惩前毖后是手段

一是对诚信商户给予必要的激励扶助政策。政府各个地方监管部门可被赋予帮助中小型企业发展壮大、强大品牌的权利。具体如：中、小型厂商自愿与相关部门签订协议，在连续的一段时间，如五年或十年内，若其各生产环节及产品经检验均达到卫生安全标准，且未受到任何消费者投诉，地方机构可无偿或部分无偿提供及联系技术、管理上的帮助，以及帮助贷款或提供优惠的税收政策。无论各企业表现如何，均在各种媒体上告知消费者。激励企业健康成长的同时，无疑可帮助其树立起良好的品牌形象。无论是经济发展，还是食品企业的诚信、健康发展，都可被带入一个良性的循环。

二是对恶意违法商家的"一次出局"制。对无视消费者安全，无视法律法规，在食品加工中随意添加非法添加物及掺假、造假等恶意违法的商家施行"一次恶意违法，一次恶性事故，永远从食品行业出局"的重惩措施。违法商户、法人等除了必须履行的法律责任，必须对受害人进行高额赔偿，最好达到"倾家荡产"程度的惩罚性赔偿，且可通过不予办理相关执照并通过媒体通告等严酷措施使其永远无权利再回食品生产行业。如今，针对建立"网络诚信档案"的建议备受肯定，相信在此体系基础上，恶意违法商家的"一次出局"制必会显示出其强效。

"一次出局"制给予不安全食品制造者严厉的经济制裁，让其得不偿失。商家在进行任何商业行为之前都会从经济上进行考量，如果收益大于成本就去做，小于成本则不做。在我国，制造不安全食品的商家虽然会受到行政机关的处罚（行政处罚的数额一般只有几万元），并且可能会被判处刑罚，但是在经济上他们获得的巨大收益仍然大于所受的处罚（付出的成本），显然行政处罚和刑罚并不能有效制止他们的不法行为。既然商家制造不安全食品的原始动力是获得高额的利益，那么若对其进行经济上的制裁，给予高额的处罚，不仅能让他们得不偿失，而且使其倾家荡产（企业破产），消除其制造不安全食品的原始动力，从根源上斩断其罪恶之手。

三是对恶意知识分子实行重惩。观察各个食品安全犯罪案例，无论是"三聚氰胺"奶粉事件还是"地沟油"事件，很显然，许多犯罪行为没有一定的专业知识是无法做到的。因此，在严格监管的同时，有必要发动群众举报、媒体曝光等措施，一旦发现卷入的知识分子，必须严惩不贷并曝光示众，以儆其他品德败坏、目光短浅、无社会责任感的知识分子。

对诚信的有潜力的中小型商户给予鼓励扶助政策，是使我国食品行业进入有序、健康、强盛的良性发展状态不可缺少的重要手段，因为仅靠"严管""严惩"是不够的，我们不可以忽略一些积极的措施。如今，没有人不相信品牌的力量，但我们明显感觉到：我们的国人树立品牌的意识还不够，由于一些主、客观方面的原因，如学识、观念、资金等，很多中小型食品企业常常不能放远目光于企业的长远发展，如规模的壮大、品牌的建立上，而是往往抱有侥幸心理，只贪图眼前利益，不惜违背良心实施掺假、伪造等犯罪行为以获取短时利益。在中小型和"作坊"式食品生产商占绝大多数市场的世界性现实情况下，不妨加大积极措施扶助发展中小型企业，建立民族品牌，这样既可有效阻止犯罪，又有利于发展经济，可谓一箭双雕。

二、施行有效率的管理

1. 健全食品安全保障制度

如今,我们已告别了温饱时代,迈步走向小康社会,民众对食品的诉求已由之前的"吃饱"变为"吃好",需要的是干净、卫生、健康、营养的食品供应,但整个监管体系却表现迟钝,未能主动适应时代的变化。于是,在一次次的食品安全事故中相关监管部门常是捉襟见肘,手足无措,最后在舆论压力下"救火",一次次蚕食民众仅有的信任。所以,合理借鉴外国的有效食品安全保障制度,完善我国食品安全保障制度很有必要。

首先,应向德、法、日、美等国借鉴完善的食品安全配套制度,如"可追溯管理模式",为每一份食品定制一份"身份证",记录其各种原料从农田、牧场到市场的每一环节所有详细情况。另外,还应借鉴发达国家的食品召回委员会制度、食品安全中的信息收集制度与食品召回责任保险制度等,以完善我国刚刚起步的食品召回制度,让食品召回制度充分发挥其应有的作用。一方面,企业应强化自身的社会责任,当得知产品存在缺陷时,应主动从市场上撤下产品;另一方面,监管部门发现问题时,应强制要求企业召回食品,以防有害食品在"风头"过后又出现在市场上。

其次,应建立针对问题食品的危害评估部门,以对问题食品的危害性、事故厂商制定正确合理的危害报告及惩处措施。而评估人员的确定,评估内容、标准等细节均应详细清楚。

另外,还应强化、明确规定对质量监督的全面覆盖,实施

"全产业链监督"模式，以确保每一生产环节的卫生、安全性。

当然，除以上措施外，实现食品安全有保障的基础是完善有效的法律，而我国目前不少法律法规不够详细，如怎样确定责令召回，如何保障当事人权益等。所以，总结目前的大量案例教训，借鉴外国经验，详尽地完善各类专项法律法规势在必行。

2. 完善食品安全事前监管

完善食品安全事前监管是强化监管部门职能的辅助措施。总是忙着奔波于事后处理，不如主动出击，强化事前监管，变被动为主动，建立与时俱进、动态更新的长效监管制度，不给问题食品一丁点生存空间。政府针对监管部门渎职的严惩措施必定起到一定的威慑作用，但除此之外，不妨辅以其他措施，对提高其工作的主动性及效率进行"高压"强化。

一是对监管工作要求深入化、详细化。在"染色馒头""瘦肉精"等案例中，商户"送检"的行为令群众对监督人员不负责的工作态度极端不满，所以，国家应对全国各地监管部门建立统一的工作规范，如明确规定对各个厂商各生产环节及市场进行突击检查的次数和深入的层次，发现问题时的非罚款处理措施，处理问题商品的全程监督方案等等。

二是对监管人员实行"成绩考核"制。建立地方官员总负责制度，将各个地方有关政府机构与当地食品安全挂钩，鼓励受害人勇敢提起诉讼，揭露不法行为，以消费者投诉、诉讼情况及监管部门打击状况为工作成绩,全国统一制定详细的成绩合格标准,对监管部门人员建立"一票否决制",即除了"食品安全渎职罪"的相关严惩,在当年的公务员考核中视情况给予留职观察或免职的处理,同时在各媒体上曝光罪行。而事故涉及地区的相关官员也应公开道歉并限时采取积极措施予以应对,否则,也应视情况按照"食品安全渎职罪"进行惩罚。

三是对消费者进行正确的知识宣传及消费引导。中国的广大消费者大部分对食品的认识仅停留在简单鉴别的层次,而通过一些书籍、专家所了解的食品知识多偏重于营养、健康,对食品生产链的实情很难通过专业渠道获知,而且市面上的食品变化较快,消费者掌握的信息自然就少,加上容易受亲朋好友或一些并不专业媒体的影响,认识的误区也多。一些黑心厂商投其所好,在食品中随意添加非法添加物,以使食品达到一些消费者认为的"高品质"状态,从而谋求高利润。大家熟知的"红心鸭蛋""吊白块豆腐、米粉"等便"诞生"了。而以消费者贫乏的知识和肉眼判断查出问题食品的几率微乎其微。

所以,在严肃法纪、加强监管的同时,对消费者进行正确消费观念的引导及一些基本知识的宣传很有必要。方法上,最好建立官方的组织进行宣传。其一,官方机构在各种报刊、网络上均紧跟时事,做出对一些食品安全事故的客观阐述,并宣传相应的政策法规。其二,以社区、工作单位等为单位,发放知识手册进行学习或请专业人士进行食品基本常识的集中教育。

3. 严格食品安全责任追究

对食品安全责任的追究特别是要严惩监管队伍中的违

法违纪者。现实中,确实存在个别监管执法人员素质不高、执法不严甚至知法犯法的问题。此前河南调查"瘦肉精"事件,就发现有监管人员和犯罪分子沆瀣一气、内外勾结,放弃监管、收钱放行。欲正人、先正己,对监管执法队伍中的这些违法违纪者,要严厉惩处。对此,各有关方面认识高度一致。《刑法修正案(八)》中单独列明了食品安全监管渎职的刑事责任。最高人民检察院日前专门下发关于依法严惩危害食品安全犯罪和相关职务犯罪行为的通知。纪检监察部门十分重视食品安全案件的行政问责工作。河南省在"瘦肉精"事件后已刑拘 126 人,其中公务人员 37 人。2009 年 5 月河北、山西等地发生"问题乳粉"系列案件后,有关部门迅速依法严厉惩处了涉案的 14 名犯罪分子,其中 2 名被判处无期徒刑,剥夺政治权利终身,并处没收个人财产;4 名被判处 10 年至 15 年有期徒刑。另外,纪检监察部门也迅速对查明负有责任的公务人员进行了严肃处理:对 53 名领导干部和监管部门工作人员进行了党纪政纪处分,行政问责和诫勉谈话。其中行政撤职 11 人、免职 6 人、行政降级 6 人(其中 2 人同时给予免职处理)、行政记大过 14 人、行政记过 11 人,其他处分和诫勉谈话 7 人。这 53 人中,地厅级干部 8 人,县处级干部 28 人。乡科级及以下干部 17 人。

实事求是讲,害群之马只是极少数,绝大多数食品安全监管执法人员是好的,是恪尽职守、奉公执法的。有关方面将进一步加强监管队伍特别是基层监管队伍的建设,改善技术装备,强化教育培训,不断增强他们的责任意识和执法能力,同时要适时组织对监管执法成效显著、贡献突出的集体和个人进行表彰和宣传,以鼓励先进、弘扬正气,提高监管执法公信力。

三、做个有头脑的食客

1. 走出食品添加剂认识"三误区"

误区1:"不含食品添加剂""不含防腐剂"就放心

"不含防腐剂和食品添加剂的食品肯定安全吧?"食品专家给出了否定的答复。据称,有些食品,在其标签上标识"不含防腐剂"是因为这类食品不需要使用防腐剂,例如一些高糖、高盐的食品,其本身的高糖和高盐特性就具有抑制微生物生长繁殖的作用。

误区2:合成的都是有害的,天然就等于安全

市民黄小姐承认,她在看到食品上写着"不含人工色素"这样的标语时,通常就会放下心来,认为它没有添加色素,是无害的。食品专家指出,人们一般对天然色素的安全感要高于人工合成色素,所以一些商家就利用了这一点来宣传"不含人工色素"。其实只要是按照标准规定使用的人工合成着色剂,都不会带来健康危害。

误区3:达标就能任意使用

工商部门工作人员称,虽然按照标准规定使用的食品添加剂不会危害健康,但是并不提倡随心所欲地食用含添加剂的加工食品。

2. 学几招鉴别商品质量的方法

有道是,艺不压身。在防控食品安全问题上,学会如何识别食品质量是很重要的,不妨教你几招。

(1)购买酱油"一摇三看":

一摇:好酱油摇起来会产生很多的泡沫,且不易散去。

三看：一看工艺，是酿造酱油还是配制酱油，采用传统工艺的高盐稀态酿造的酱油风味较好，含盐量较高，采用速酿工艺的低盐固态发酵酱油含盐量较低；二看指标，氨基酸态氮含量越高，味道越鲜；三看用途，酱油包装上应标注供佐餐用或供烹调用，供佐餐用的可直接入口，卫生指标要求高，如果是供烹调用就不能直接用于拌凉菜。

（2）鉴别老油三窍门：

一看颜色。新鲜的油煎炸出来的食品颜色金黄。反复使用的油因为含有一些沉淀物质，可能会使炸出的食物上附着焦色物质，食物颜色较深。

二试口感。反复使用的油煎炸出的食品吃起来感觉非常黏，还会有异味。

三注意油烟。油在反复高温使用后会产生较多油烟。

不过，由于一些商家可能往老油中勾兑各类食品添加剂，所以仅仅依据上述的方法并非绝对能将老油"验明正身"。而且，油的出烟量有时与油的品种也有关，例如菜籽油出烟较多，而茶油的出烟量则非常少。

3. 消除农药"四妙招"

"谁能保证甲醛大白菜不会卷土重来？"市民林姨提着儿媳在市场上购买的蔬菜，要求工商部门进行农药残留的检测，现场的食品专家教了她四招，"轻松除残"：

（1）买回蔬菜放一晚再吃。买回来的蔬菜最好先放一放、晾一晾。特别是绿叶蔬菜，最好放一晚，让残留的农药有一个缓释的时间。

（2）清水浸泡。在食用蔬菜前，可以先将其浸泡15至30分钟，之后再冲洗两三次。蔬菜的根部重叠部位应掰开来冲洗,而且菜叶一定要逐片清洗。

（3）去皮。蔬菜瓜果表面残留农药较多,削去外皮可以有效去除残留农药。

（4）加热。氨基甲酸酯类杀虫剂随着温度升高分解加快,芹菜、菠菜、小白菜、豆角等蔬菜可以采用这种方法。将蔬菜在沸水中煮2至5分钟,然后用清水冲洗。

4. 选择食品要"七防"

一防"艳"。提防颜色过分艳丽的食品,如草莓像蜡果一样又大又红又亮;黄花鱼的外表黄得亮晶晶的,一抹还掉色等。碰到这些情况要留个心眼,因为很可能是由于商家非法添加了色素。

二防"白"。凡是食品呈不正常不自然的白色,十有八九会有漂白剂、增白剂、面粉处理剂等化学品的危害。

三防"长"。尽量少吃保质期过长的食品,采用巴氏杀菌的包装熟肉禽类产品在3℃下保质期一般为7~30天。

四防"反"。就是防反季节生产的食物,这类食物如果食用过多可能对身体产生影响。

五防"小"。要提防小作坊式加工企业的产品,这类企业的食品平均抽检合格率最低,触目惊心的食品安全事件往往在这些企业出现。

六防"低"。"低"是指价格明显低于正常水平的食品,这类食品大多有"猫腻"。

七防"散"。"散"就是散装食品,有些集贸市场销售的散装豆制品、熟食、酱菜等可能来自地下加工厂。

5. 熟记食品安全"十要点"

（1）食品煮好后应立即吃掉。

（2）食品必须彻底煮熟后食用。

（3）选购食品时，尽量选择经过加工处理的食品。如牛奶，应选用经巴氏杀菌法处理的消毒奶而非生奶。

（4）如果需要把食物存放4～5个小时，应在高温（接近或高于60℃）或低温（接近或低于10℃）的条件下保存。

（5）存放过的熟食必须重新彻底加热至70℃以上才能食用。

（6）生熟食分别存放。

（7）保持厨房清洁。

（8）处理食物前先洗手。

（9）不要让昆虫、鼠、兔和其他动物接触食品。动物通常都带有致病的微生物。

（10）饮用水及用于烹调食品的水应纯洁干净。

四、倡导全方位的监督

1. 民众的监督：让消费者人人成为监督者

消费者是所有安全食品的最终需求者，也是所有不安全食品的终极消费对象，包括我们每一个普通的公众，因此人数极为庞大。如果我们所有人都成为不安全食品的监督者，在第一时间将接触到的不安全食品公之于众，将使不安全食品无所遁形。

针对我国食品市场的现状和国情，我国的食品安全问题必须用重典、下猛药整治方可，否则各类"食品安全"事件难以堵截。

第一，落实企业和政府责任。根据食品安全法，食品生产经营者负有保证食品安全的社会责任,各级地方人民政府负有对本行政区域的食品安全监管工作统一领导、组织、协调的责任,各有关部门要坚持统一协调与分工负责相结合,认真履行职责,搞好监督指导。

第二,要进一步完善和强化责任制度与问责制度,推动食品安全监管工作顺利进行。食品安全监管部门必须敬业尽责,以对百姓生命高度负责的态度对食品市场提高检查频率,拓宽覆盖范围,最好做到常规检查和突击检查相结合,保证食品安全市场的"零死角"。要采取有效措施,坚决打击食品安全领域各种违法生产经营的行为,严肃查处并追究监管不力的行为,真正做到有法必依、违法必究、执法必严。

第三,建立完善的食品安全应急体系。整合食品卫生监督、质检、工商为主的政府职能部门资源,使各有关部门的监管工作有机衔接起来,让市场监管到位。同时以食品行业协会为主导,带领企业坚定不移地执行政府发布的各种类型保障食品安全的法律、法规,并参与相关活动。

第四,努力提升社会的道德良心水准。不为自身获利而去害人,这是最底线的道德标准,然而在利益至上的喧嚣时代,道德底线时常被轻易地放弃。在市场经济的建设中,我们显然更多强调市场的逐利性,而忽略了其道德性,很多时候,道德性的呼吁甚至被认为与市场的经济性格格不入,这不能不说是个认识上的偏差。

2. 舆论的监督:做好食品安全船头的瞭望者

美国著名报人约瑟夫·普利策曾将新闻记者比作行驶在大海航船上的"守望者"。他说:"倘若一个国家是一条航行在大海上的船，新闻记者就是船头的瞭望者，他要在一望无际的海面上观察一切，审视海上的不测风云和浅滩暗礁，发出警告。"新闻记者所接受的专业知识和技能训练，使他们观察更敏锐、思考更全面，由此而形成的结论也更能抓住事物的本质。

　　舆论监督虽然不同于食品安全行政法律法规的监督，不能对食品安全监管工作产生直接的法律和行政效力，但是，相对于群众监督的自发性，法律监督的后发性来说，舆论监督更具权威性，能取得更好的监督效果。在当代生活中最具有大众色彩的广播电视、报刊等传播媒介，利用其现代化传播工具，发挥了其覆盖面广、迅速及时、震慑力强等特点，对食品安全监管具有间接的法律和行政效力，它们的存在对食品安全起着强有力的监督作用。

　　舆论监督是食品安全监督体系中一种特殊的监督方式，是宪法赋予人民言论自由、出版自由权利的体现，它主要通过新闻媒介对党政机关和其他工作人员实施监督，对国家事务和社会事务实施监督，是人民参政、议政的一种形式。通常意义上讲，对食品安全的舆论监督，是指新闻传媒对食品安全相关监管部门及其工作人员的活动和食品生产经营者违法违规行为进行监督，在一定程度上代表公众、代表老百姓、代表人民对相关监管工作的一种监督。其监督的形式主要包括媒体的批评报道和新闻评论。舆论监督虽具有非直接强制性，但同样具有强大的公信力和权威性。新闻舆论监督是面向全社会、面向全体公众的，它的监督是通过公开报道、公开讨论表现出来的。它可以最大限度地调动整个社会的正义、良知和公理，与一切丑恶现象和不良言行作斗争。一方面，舆论监督自身可以揭露和抑制社会丑恶现象;另一方面,舆论监督还可以转化为其他监督形式,如通过揭露违法犯罪问题,可将舆论监督转化为法律监督,转化为监督机关的监督,由个别监督转化为普遍监督。

域外传真。。。。。

法国：各环节控制保证食品安全

　　在法国，保障食品安全的两个重点工作是打击舞弊行为和畜牧业监督，与之相应的两个新部门近几年也应运而生。其中，直接由法国农业部管辖的食品总局主要负责保证动植物及其产品的卫生安全、监督质量体系管理等。竞争、消费和打击舞弊总局则要负责检查包括食品标签、添加剂在内的各项指标。

　　法国农民也已经意识到，消费者越来越关注食品安全乃至食品产地和生产过程的卫生标准以及对环境的影响。为了使产品增加竞争力，法国农业部给农民制定了一系列政策，鼓励农民发展理性农业便是其中之一。所谓理性农业，是指通盘考虑生产者经济利益、消费者需求和环境保护的具有竞争力的农业。其目的是保障农民收入、提高农产品质量和有利于环境保护。法国媒体认为，这种农业可持续发展形式具有强大的生命力，同时还大大提高了食品安全性。

　　有了标准，重在执行。新华社巴黎分社附近有一家叫做卡西诺的超市，每天晚上8点多，超市工作人员都会把第二天将要过期的食品类商品扔到垃圾桶内，包括蔬菜、水果、肉类、禽蛋等。他们告诉记者：判断食品是否过期的唯一标准就是看标签上的保质期，而一旦店内有过期食品被检查部门发现，那么结果就是导致商店关门。位于巴黎郊区的兰吉斯超级食品批发市场是欧洲最大的食品批发集散地，也是巴黎市的"菜篮子"，这里的商品品种丰富、价格便宜。为了保证食品质量，法国农业部设有专门人员，每天24小时不断抽查各种产品。

引自：《凤凰生活》2013年7月刊

参考文献

［1］中国食品添加剂生产应用工业协会.食品添加剂手册［M］.北京:中国轻工业出版社,1996.12.

［2］刘志皋等.食品添加剂基础［M］.北京:中国轻工业出版社,2002.01.

［3］(日本)安部司著,李波译.食品真相大揭秘［M］.天津:天津教育出版社,2008.01.

［4］卫生部.食品添加剂使用卫生标准［M］.北京:中国标准出版社,2011.05.

［5］郝素娥等.食品添加剂制备与应用技术［M］.北京:化学工业出版社,2003.03.

［6］董淑琴,张绍勇,孙淼,等.食品添加剂管理现状与对策［J］.中国公共卫生管理,2005,21(02):47－49.

［7］吴兴人.从"一天吃21种添加剂"说起［N］.新民晚报,2011－04－07(6).

［8］郭雪霞,张慧媛,黄静,等.国内外食品添加剂管理法规与标准概述［J］.农业工程技术.农产品加工,2007,6:12－18.

［9］姜培珍.食品添加剂使用中的安全问题与管理对策［J］.上海预防医学,2004,16(6):280－282.

［10］李京东,傅善江. 番茄红素的保健作用及发展前景［J］. 中国食物与营养,2005,4:49－51.

［11］李晓莉,黄进. 非食用物质与滥用食品添加剂的危害及防护对策［J］. 军事经济学院学报,2011,18(4):11－13.

［12］李晓瑜,王茂起. 国内外食品添加剂的管理法规、标准状况及分析(待续)［J］. 中国食品卫生杂志,2004,16(3):210－214.

［13］李晓瑜,王茂起. 国内外食品添加剂的管理法规、标准状况及分析(续完)［J］. 中国食品卫生杂志,2004,16(4):308－312.

［14］凌关庭. 食品添加剂监管热点和甜蜜素安全性探讨［J］. 粮食与油脂,2009,3:41－43.

［15］刘永英,方英瑜,梁国治. 食品添加剂卫生现状与管理对策［J］. 中国卫生工程学,2006,5(2):125－127.

［16］刘志皋. 再谈我国食品添加剂的发展［J］. 中国食品添加剂,2004,1:9－12.

［17］卢春燕. 当前餐饮业须引起重视的安全卫生问题分析［J］. 现代预防医学,2007,34(15):2888－2889.

［18］卢建华,武兰英. 正确认识食品添加剂对人体健康的影响［J］. 中国公共卫生管理,2008,24(5):538－539.

［19］毛新武. 食品添加剂企业产品标准中的卫生安全隐患调查分析［J］. 中国食品卫生杂志,2004,16(3):250－253.

［20］孟卫东,张博,刘永丰,等. 如何构建食品添加剂安全监管体系［J］. 中国煤炭工业医学杂志,2006,9(7):667－668.

［21］彭志丽,蒋卓勤.我国部分常用食品添加剂及其使用现状［J］.中国热带医学杂志,2007,7（11）:1139－1142.

［22］苏志台,陈前进,张鉴存.浅析食品添加剂使用存在的安全问题和防范对策［J］.海峡预防医学杂志,2006,12（6）:71－72.

［23］王凤平.我国食品安全问题研究［J］.食品工业科技,2005,10:41－43.

［24］吴小龙,张春齐.食品添加剂卫生监督管理有关问题的探讨［J］.中国食品卫生杂志,2004,16（6）:526－528.

［25］肖芬.武汉市江夏区餐饮业食品添加剂使用情况调查［J］.职业与健康,2010,1:43－44.

［26］徐淑伟.我国食品添加剂应用存在的主要问题及对策［J］.江苏科技信息,2011,4:26－27.

［27］徐亚南,张志强,于军,等.我国餐饮业食品添加剂使用现状与对策研究［J］.中国食品卫生杂志,2009,3:215－220.

［28］叶群,史红钢.牛肉干制品中食品添加剂的调查分析［J］.中国农村卫生事业管理,2004,24(10):61.

［29］于江虹.我国食品添加剂使用中存在的问题和对策［J］.食品科技,2004,6:1－6.

［30］张谦.湖北省餐饮业使用食品添加剂及非食用物质现状分析［J］.公共卫生与预防医学,2010,21（1）:106－107.

［31］张胜利.我国复合型食品添加剂的现状及发展趋势［J］.中国食品工业,2008,2:12－13.

［32］张岩,刘学铭.食品添加剂的发展状况及对策分析［J］.中国食物与营养,2006,6:29-31.

［33］郑玮.浅析食品添加剂生产、流通和使用现状及实行分级管理的思考［J］.中国卫生监督杂志,2011,18(4):354-358.

［34］周日尤,黄建军.浅谈我国食品添加剂的现状及发展前景［J］.中国食品添加剂,2001,2:6-9.

［35］梁庆华,邱德生,谢玲.大量食品添加剂生产企业将"被无证生产"［N］.中国食品报,2010-10-12(3).

［36］雷克鸿.做好食品添加剂生产许可和监管衔接工作的通知［N］.中国食品报,2011-7-27(1).

［37］王小波.质量安全为己任,科技光明献一计［N］.中国食品安全报,2011-6-28(1).

［38］王睿,刘桂超.论我国酶制剂工业的发展［J］.畜牧与材料科学,2011,32(1):68-69.

［39］陈坚,刘龙,堵国成.中国酶制剂产业的现状与未来展望［J］.食品与生物技术学报,2012,31(1):1-7.

［40］2011—2012年中国味精行业发展概况［EB/OL］.中商情报网,2011-12-26. http://www.askci.com/news/201112/26/2610135527002.shtml.

［41］历年来中国味精行业产能产量数据分析［EB/OL］.中国产业洞察网,2013-10-24. http://www.51report.com/free/3029703.html.